据说，

人一生大概

会遇到

2920 万人。

地球上，

两个人相遇的概率

是 0.00487%，

而相爱的概率

是 0.000049%。

遇见的

都是天意，

拥有的

都是幸运。

遇见你，是我蓄谋已久的偶然。

看似简单的一个招呼，让我得偿所愿，

后来有那么多惊喜。

你是我始料不及的遇见，

也是我突如其来的欢喜，

从此，我的故事中，都是你。

人生的长河中，

庆幸遇见了你，

但难过的是，

只是遇见了你。

有些美好，短到不能回头。

晨间捡到了一束阳光，

日落时还给了太阳。

在那个夏天，挥手，

跟我们的故事说了再见。

看着你离开，

影子拖在地上，很长很长。

年少时遇见了惊艳的人，

让后来出现的人都黯然无光。

不管让多少人感兴趣，

但只希望被一个人坚定地选择。

交付真心的时候，义无反顾，

忘了给自己一份"心碎险"。

世上有一万种等待，

最好的那种叫未来可期。

总有一场相遇，是互相喜欢的，

会让彼此变得更好，

生活变得晴空万里。

从此我不再希求幸福，

我自己便是幸福，

凡是我遇见的我都喜欢，

允许一切发生，

所有的为时已晚，

其实都是恰逢其时。

这世界那么多人

程一 著

苏州新闻出版集团

古吴轩出版社

图书在版编目（CIP）数据

这世界那么多人 / 程一著. -- 苏州：古吴轩出版
社，2024.11
ISBN 978-7-5546-2326-8

Ⅰ.①这… Ⅱ.①程… Ⅲ.①情感—通俗读物 Ⅳ.
①B842.6-49

中国国家版本馆CIP数据核字(2024)第054825号

责任编辑：顾　熙
见习编辑：张　君
策　　划：周　彤　张　媛
装帧设计：车　球

书　　名：这世界那么多人
著　　者：程　一
出版发行：苏州新闻出版集团
　　　　　　古吴轩出版社
　　　　　　地址：苏州市八达街118号苏州新闻大厦30F
　　　　　　电话：0512-65233679　　　邮编：215123
出 版 人：王乐飞
印　　刷：天津旭非印刷有限公司
开　　本：880mm×1230mm　1/32
印　　张：7.25
字　　数：127千字
版　　次：2024年11月第1版
印　　次：2024年11月第1次印刷
书　　号：ISBN 978-7-5546-2326-8
定　　价：52.80元

如有印装质量问题，请与印刷厂联系。022-69485800

序

每一场遇见，光阴都会记得

"很多时候，坚持不一定有结果，坚持本身就是结果。"

——这是这本新书中，我很喜欢的一句话。

不知不觉，在一个又一个冬去春来中，这已经是我写的第八本书了。也许你会觉得：程一呀程一，你又开始写那些情情爱爱的故事了，不腻吗？

从2014年创办程一电台至今，我陪伴了大家10年的光阴。很多人听我的声音、看我的书，从大学毕业到进入职场，从青涩少年到有为青年，从初出茅庐到独当一面。他们步入了新的人生阶段：有人结婚生子，有人周游世界，有人功成名就，有人岁月静好。也有些人走着走着就散了，融入细碎又火热的生活中。

很幸运，能够在人生最好的 10 年里，遇到这么多喜欢我的声音和故事的朋友。

这世界那么多人，茫茫人海中彼此相遇，已是很大的幸福。即使素未谋面，即使我们只能陪伴彼此短短一程。

回答刚才的问题：我依然还要坚持写那些情情爱爱的故事吗？

是，又不是。

工作的原因，我经常在后台收到很多听众的留言和私信，给我讲述他们的故事。作为一名情感博主，用声音和文字记录下人间或美好或遗憾的爱情，是我的工作，也是我的执念。我想把这份记录人生最美好的阶段、最美好的感情的事业进行下去，直到我真正老去的时候。

我始终认为爱情是我们漫长人生旅途中的火花，但人生不能只有火花，还要有烟火。

所以，我这次的新书中，除了年轻人的爱情，还添加了很多新的素材，比如：长者间的爱情，死党间的友情，同频的灵魂，等等。每一个故事背后，是生动的人，是鲜活的事，是那些人与人之间的真诚与善良、勇敢与坚定。他们或许只是一些"隐入尘烟"的普通人，但我知道他们的温度和重量。他们努力与生活搏斗，努力发出自己微弱的光。我想把他们记录下来，用可能不够深刻的文字勾勒出我所见的"人世间"和"烟火气"，用朴素的文笔去描摹那热气腾腾的生活。

在无数个无眠的深夜，万籁俱寂，总觉得孤单，于是开始动笔。窗外的景色从白雪换到新绿，再到繁花盛开。笔端的故事热闹，心里也就不再空落落的。

于我而言，写作是一个探索自我、找寻幸福的过程，也是我和世界碰撞的方式。这些文字，是我过往人生的注脚。最初它们是一些零碎的片段、一些不值一书的闲笔，有的甚至是一些自娱自乐的"边角料"。是朋友们的鼓励，让我把这些故事结集成书。零零散散，拼凑出我生活的模样。

这本书是一次新的启程。希望这些声音与文字可以带给你力量；希望当你不经意间回首时，发现那些曾经的少年心气还在，那些绚烂的沿途风景还在，那些温暖如初的陪伴，依然还在。

写下这些文字的时候，窗外正在下雨。在那无边无际的雨幕下，几个活泼的小朋友正在嬉戏着。他们欢快地踩着地面上的积水，步伐轻快，激起的水珠如同精灵，在空中跳跃着，最后轻轻落在他们的衣衫上，留下一道道湿漉漉的痕迹。然

而，这一切都无法阻止他们，那份快乐仿佛能穿透雨幕，感染到每一个注视着这一幕的人。

此时此刻，我只想走进雨里，和他们一起，痛痛快快地淋一场大雨。

2024年6月　于北京

程一

目 录
CONTENTS

I

Chapter 3

你迟到很多年，但终不负遇见

我等的人，他在多远的未来？

——孙燕姿《遇见》

Chapter 4

在这路遥马急的人间勇往直前

奋勇呀，然后休息呀，完成你伟大的人生。

——腰乐队《晚春》

Chapter 1

有些人不属于你，但遇见了也挺好

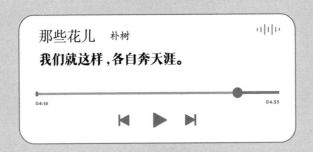

那些花儿　朴树

我们就这样，各自奔天涯。

04:16　　　　　　　　　　　　04:55

在那场短暂的青春里有过你

徐博站在校门的这边，望向对面不远处拉着行李箱的姑娘。盛夏的校园被浓重的暑气笼罩，空气中弥漫着热浪，而远处知了的鸣叫声此起彼伏，为这炎热的季节增添了几分生机。隔着中间熙熙攘攘的人群，他挥了挥手，用力喊道："你好，再见。"

徐博和陈友然相识在一场社团聚会的狼人杀游戏中。大学生嘛，爱情往往从一次聚会开始。

其实当舍友提议一起去玩狼人杀时，徐博一开始是拒绝的，结课论文已经够让他头疼的了，谁还想在别的事情上动脑子啊？可舍友却急不可耐地拉着他往外走："人多了才好玩！就当认识下新朋友嘛。"

在舍友的生拉硬拽下，徐博迷迷糊糊地被带到了桌游室。这个桌游室背靠着一个大大的落地窗，夕阳的余晖穿透而入，为室内平添了几分温馨的氛围感。里面坐了五六个人，全是陌生的面孔。徐博尴尬地打了招呼，便找了个角落的位置坐下。这时，对面忽然递过来一瓶矿泉水。

"你好，我叫陈友然。"

一个温暖的声音在耳边响起。徐博抬眸，逆光中看不清对方的脸，隐约感觉对方好像笑了一下。徐博一瞬间有点恍神，舍友见状，拍了拍徐博的肩膀，赶紧介绍道："徐博，友然姐可是我们上一届的学霸。你不是正发愁结课论文吗？赶紧好好抱大腿啊！"

旁边几个人一听陈友然是学霸，纷纷起哄要加微信，陈友然也大方地拿出手机递了过去。徐博回过神来，这才仔细打量起来。女生长了一张小巧的粉团脸，笑起来左边有一个浅浅的酒窝，扎起的马尾看着既清爽又利落。

旁边的人一边加着友然的微信，一边在说着什么，现场闹哄哄的。忽然，友然俯身过来，低声道："其实我也是被他们强拉过来的。别紧张，放轻松，重在参与。"

徐博一边的耳朵忽然就红了。幸好那天的夕阳帮忙，霞光打

在身上，很好地掩藏起他的心事。

都是年轻人，大家很快就热络起来。主持人在说完"狼人请睁眼"之后，徐博和陈友然这两只"狼"就面对面睁开了眼睛，一双懵懵懂懂，一双寒光四射。友然冲徐博努努嘴，示意一切都在她的掌握之中。之后进入讨论阶段，徐博全程看着她一脸无辜地分析得头头是道，忍不住偷偷笑起来。两个人配合默契，成功拿下了第一局的胜利。

舍友盯着徐博，语气夸张："可以啊，你小子，这么快就被大神带起飞了啊！"

"是我们配合默契。"友然冲徐博粲然一笑，可爱又狡黠。那一刻徐博感到心跳好像漏掉了一拍。他忽然觉得，游戏变得有趣起来。

2

随着两人渐渐熟稔起来，偶尔会约着一起去图书馆，下课后一起去食堂，也会借着"学术探讨"的名义在咖啡馆约会。两人之间的暧昧像是被骄阳烤化的糖果，甜蜜又微妙，但两人谁也没有主动捅破这层关系，维持着"友达以上，恋人未满"的状态。

　　"所以，你到底是什么时候喜欢上我的？"

　　很久以后，徐博坐在学校的湖边，问身边的友然。友然没有看他，只是把头轻轻靠在他肩上。

　　说起友然的第一次动心，应该就是那次在 KTV 的聚会上。

　　友然不是很喜欢唱歌，她总觉得自己五音不全，唱起歌来，调就跟自己的方向感一样，根本找不到。要不是闺密"威逼利诱"，硬说喜欢的男生去了，让友然陪她去，给她壮胆，友然宁可在宿舍躺着。

　　一进屋子，友然选择了一个黑暗的角落，最大可能地隐藏自己，她本想老老实实做一个"背景板"，然而依旧躲不过被大家起哄的命运。

　　"友然唱一首吧！这回可别想躲了！大家伙都等着呢！"

　　"就是啊！唱不好也没事儿！来都来了！"

　　"唱一首吧，还没听过学霸唱歌呢！"

　　几个爱起哄的人抓着友然不放，还没等她反应过来，下一秒话筒就直接被塞到了怀里。友然无奈地扫了一眼人堆，却意外地

发现徐博没起哄也没说话，低头专心捣鼓着手机。友然尴尬地推托着，忽然口袋里的手机振动了一下。她满脸歉意地冲大家举了下手机。

微信弹出一条消息，是徐博发来的。

"不想唱的话，我带你逃走。"

虽然只是很简单的一句话，但是友然的心却突然狂跳不已。原来他看出了自己的窘迫。可还没来得及回消息，友然就被人拉到了台中央，她想着这下逃不掉了。友然不愿意败坏大家的兴致，抱着"赴死"的决心，拿起话筒。刚准备开口，徐博的声音从另外一个话筒传出来："一起唱，一起唱。"说着，他大步流星地走上台去，招呼着众人一起唱。

众人见状，起哄的声音更大了："哟！还帮忙呢！你小子居心叵测啊！"

徐博没有理会台下的起哄声，而是在友然耳边小声问道："咱们唱《七里香》怎么样？"

友然一愣，像是被触及了什么回忆。徐博发现了友然的异样，以为她不会唱，轻轻拉了下她的衣角，示意她可以换一首她会唱的。友然这才呆愣愣地"嗯"了一声，说："就唱《七里香》吧。"

是啊，谁的青春里还没有一首周杰伦的歌啊？很巧的是，友然青春里的周杰伦的歌，便是这首《七里香》。

初中时，友然的班上少说得有一半的同学喜欢周杰伦。她字写得好，总有同学让她帮忙抄歌词，而《七里香》便是她抄过的所有歌词里，抄得最多的一首。

友然很喜欢这首歌，时常跟着同学一起哼唱，哼着哼着，也就慢慢学会了。

前奏开始，有徐博在身边，友然觉得安心多了。

"窗外的麻雀在电线杆上多嘴。"徐博一开口，人们便安静下来。他的声音不同于说话的时候，要更低沉一些，唱得不是特别专业，却意外好听。他一边帮友然垫音，一边悄悄引导她。

为了不"拉胯"，友然开始认真地投入其中。两人的声音合在一起，竟然意外地和谐，台下的朋友们已经随着音乐慢慢摇晃了起来。

这让友然放松了许多，声音也更加舒缓了。

友然侧身看徐博，徐博拿着话筒，动情地唱着。感受到旁边的视线，徐博侧过身去，目光自然地与友然的目光交会。

"我接着写，把永远爱你写进诗的结尾，你是我唯一想要的了解。"

当这句歌词适时响起，那一瞬间，两个人的目光都没有躲闪。

一曲完毕，大家纷纷热烈鼓掌，有的还在责怪友然："藏那么深呢！不是说不会唱吗？原来是不舍得唱给我们听啊！"

友然害羞地笑笑，小跑回了座位。大家意犹未尽，吵着让徐博再来一首。徐博倒是一点也不扭捏，点了一首《慢慢喜欢你》。

友然很惊讶 —— 这首歌"躺"在她的年度歌单里有一阵子了，可以说是她最喜欢的歌之一，她还在微信朋友圈里分享过。

莫非……友然摇摇头 —— 应该只是偶然吧。

悠扬的前奏响起，友然全然忘了刚才的紧张，眯起眼睛，跟着节奏慢慢晃动起来。

徐博坐在高高的凳子上，一束光打在他身上，配合着他温柔低沉的嗓音，让人觉得像泡在春日的暖阳中，温暖，舒服。

"慢慢喜欢你，慢慢地亲密，慢慢聊自己，慢慢和你走在一起。"

徐博边唱边看向友然，或许是因为灯光太暗了，没有人注意到他们的对视。友然庆幸，周遭的声音淹没了让自己都吓了一跳的心跳声。

之后的日子里，两人好像变得更加默契了：有了更多的共同话题，会分享同一首歌。后来友然才知道，那天徐博点《七里香》和《慢慢喜欢你》，是因为看到自己在微信朋友圈里分享过。

就这样，细心而周到的徐博一步一步地走进了友然的心里。

3

国庆假期，徐博和朋友们组织了一次野营活动。到达山上的露营地已是傍晚，看着夕阳的余晖洒满天际，友然满怀憧憬地提议，次日黎明一同去看日出。

"我查了明天的天气，是个大晴天。我们最好早上5点半前到达山顶，到时候可以抓拍一些好看的照片。"

"什么？5点半？你是在说什么天方夜谭？"

"我已经好久没见过11点前的太阳了。"

"起不来，真的起不来。"

....

大家七嘴八舌，纷纷摇头，只有一旁的徐博没有说话。

友然闻言不为所动："不看就算了，我明天发朋友圈后可别盗我的图。"

说实话，友然虽然说得毅然决然，但心里也没底，如果大家

真的都不去，自己就得一个人一大早爬起来看日出。可是话都说出去了，硬着头皮也得起来。友然咬咬牙，给自己定了好几个闹钟。

次日黎明，山上的空气清新而凉爽，友然走出帐篷时还能听见此起彼伏的呼噜声。夜色尚未褪尽，10月的山里，气温出奇地低，友然打了个冷战，裹紧衣服，打开手机的手电筒，准备前往观景的亭子。她提前做了攻略，知道那里是最佳的观景平台。途中，她穿过一条小路，路旁的草木在微暗的晨色中显得尤为茂盛，为寂静的清晨平添了几分神秘与恐惧。就在友然战战兢兢地摸索着前进时，忽然看到亭子方向传来一簇亮光，一个人影正在向她挥手。

是徐博！

友然心中的忐忑瞬间消散，她脚步轻盈地踏进了亭子。

"你怎么来了？也来看日出吗？"友然的声音中透露出连她自己都未曾察觉的惊喜。

"当然。怎么能让你孤零零地坐在这儿呢？只是没想到你来得比我还晚，我差点以为你不来了呢。来吧，坐。"

徐博说着从书包里掏出一条毯子，随后又将书包放在了石凳上："坐书包上，再把毯子披上，早上挺冷的，小心着凉。"然后又从放在地上的一个口袋里掏出卡式炉、饮用水和泡面等物品。友然呆呆地看着他变魔术般拿出一堆东西，再看看两手空空的自己——没想到他居然做了这么多准备。

"看日出怎么能少了一碗热乎乎的泡面呢！"徐博挑了挑眉，掩饰不住得意。

随着太阳的逐渐上升，泡面锅中的沸水咕嘟咕嘟作响，与远处偶尔传来的鸟鸣声交织成清晨的交响乐。在这和谐的旋律中，徐博和友然谁也没有说话，只是静静坐着，看日出一点一点把远山染成橙黄色。

突然，徐博不由自主地靠近友然，目光流转于她的侧脸之上，而友然则凝望着那渐渐被阳光唤醒的山川。徐博忽然觉得，有些话再不说出口，恐怕以后就没机会了，可他又怕一旦说出口，有些关系就再难继续下去，覆水难收。徐博看着已经升起的太阳，第一次明白了赛林格说的："爱是想触碰却又收回的手。"

这时候友然转过头看向徐博，须臾之间，徐博像是受到了鼓舞，一把握住了友然的手，然而张开的嘴却半天说不出一句话来，只有怦怦的心跳声似乎在替他诉说。

友然冲他莞尔一笑，轻轻地回握住他的手。

他们谁都没有说话，牵起的手像是在密谋一场爱情。

两人是手牵手回到营地的，本来已经做好了被起哄的准备，没想到大家像是早就预料到了。

"哎哟，你俩可算是在一起了，我们都打赌你们到底啥时候公开呢。"

"还记得吗，在 KTV 那次，唱《七里香》的时候，两人那眼神都粘到一起了啊！"

"废话少说，请客吃饭，请客吃饭！"

"欸，你要是欺负友然，我揍扁你啊，徐博！"

原来大家早就看出了端倪。友然和徐博相视一笑。果然，年少的心事哪里能藏得住，就算没有宣之于口，也早就在所有心动的细节里尽人皆知。

大学的恋爱是由无数个青涩的心动瞬间组成的，当然也少不了幼稚的争吵。

平静安稳的日子倏忽而过，很快迎来了毕业倒计时。分手季和异地恋像是两个突然冒出的关卡，将他们困在原地。

徐博是西安人，而友然是广州人。他们是彼此的男朋友、女朋友，但他们也是爸妈唯一的儿子、女儿，家里人当然希望他们读完研后能回到家乡工作，也好有个照应。不过，友然计划着要出国读研，徐博想留校冲刺保研，这中间的变数和压力，两人虽没有明说，但也心知肚明。他们想两全其美，也想过为对方妥协，但妥协却在不经意间埋下日后争吵的隐患。是啊，谁又能保证一直幸福下去呢？

毕竟青春大好，爱情也只是未来生活的选项之一。只是在这道选择题上，两个人默契地交了白卷。

渐渐地，他们不再争吵，默契地回到了最初谈恋爱的状态，每天待在一起，一起泡在图书馆，一起散步，明明彼此靠近却又难以触碰。他们默契地谁也没有再提毕业和异地的事，只是等着友然毕业，像是等待一份结果已知的判决书。

毕业那天，友然穿着学士服，笑容灿烂。徐博用心地为她拍了很多好看的照片，他们逛遍了校园里每一个曾经一起走过的角落，并在每一处驻足、拍照，像是将他们的爱情经历复习一遍。

他们在每一张照片里练习微笑，比以往更认真。平时感觉偌大的校园，今天似乎很快就逛完了。他们放慢脚步，沿着平时走过无数次的林荫道慢慢绕着圈。路灯已经亮了起来，灯光下是两个沉默的影子，写满了心事。

年少时的爱情就像是肥皂泡，短暂且易碎，但也五彩缤纷。因为美好易逝，所以分外珍贵。只是那个时候的他们还不懂"有些人一旦错过就不再"的道理，以为牵牵手就能天长地久，然而一个转身，大家都没有再回头。

离校是在第二天中午，友然拖着行李箱走向校门口，回身冲徐博挥手。像是初次见面时一样，逆光中徐博看不清她的表情，但感觉应该是笑着的吧。

徐博站在原地，目送着她离开。这个画面在他心里已经想过无数遍，只是在他的想象里，他是站在她的身边的。

"友然。友然。友然。"

徐博轻声呼唤着她的名字，用最熟悉的称呼包裹住下一秒似乎就要裂开的笑容。

友然，读起这个名字，是以嘴角向上结尾的，所以徐博想着最后落到她眼里的，应该是他的微笑吧 ——虚张声势的微笑。

这样也挺好。

他们就这样不远不近地站着，中间隔着熙攘的人群。大家有的忙着道别，有的忙着痛哭，脸上带着或不舍或兴奋的神色，匆匆走过。这一刻，人群成了他们分别时的背景板。

友然挥着手，大声喊道："徐博，谢谢你。"

徐博感觉有眼泪滴落了下来，但他仍然努力挥动着手臂，用力喊道："友然，你好，再见。"

那个夏天，他们唱着"把永远爱你写进诗的结尾"，兜兜转转，再到夏天的时候，他们成了彼此的前任。

收到后台私信的时候，我很认真地看完了徐博和友然的故事，虽然结局令人无限惋惜，但他们用力说出的"再见"，同样真诚。

毕业季一定是分手季吗？我认为不是。但走出象牙塔，未来要面临的是更复杂也更现实的问题。怎么选择，没有正确且唯一的答案。但我依然鼓励所有勇敢的人尽力地喜欢一次，在那场短

暂的青春里有过你，哪怕没有走到最后，也不枉青春一场、心动一场。

曾看到这样一句话："相遇总是猝不及防，离别都是蓄谋已久，我们要习惯身边的忽冷忽热，也要看淡那些渐行渐远。"少年忙着写下成人的篇章，学着越来越熟练地告别，而我们终将长成大人的模样，青春也终将散场。我们在每一个成长节点的站台按下暂停键，一起写下彼此这段路程的终章。

故事的起始，我们用一句"你好"拉开帷幕；故事的结尾，我们用一句"再见"画上句点。或许不够完美，但足够动人。

所以，你好，再见。

留在原地的人

我们总是谈论爱，谈论理想，谈论陪伴。小时候摘抄过那么多的名言，却都无法指导我们如何去面对离别，面对现实，面对得不到和已失去。其实关于爱，我们什么都不懂。

我自认为是一个会表达爱的人。

作为一个情感电台的主持人，我写过几本书，听过许许多多朋友的故事，也在电台中分享过那些悲欢离合。我曾以为爱不过就是拥抱、亲吻，是不惧任何外界阻力，依旧要一起向前的决心。

纯粹，炽烈，简单。

后来认识唐宋，他跟我说："程一，你有没有这样爱过一个人？我好想她，可是又好怕打扰她。就这样吧，我这辈子就这样吧，她得好好过，我就随意吧。"

后来我才发现，他始终没有离开过那个冬天。留在原地的人，始终无法迈进下一个春暖花开。

2

唐宋是一个短视频平台的编剧。2017年，短视频 App 爆火，唐宋就是这个时候一头扎了进去，快速拉拢了当时还在上大学的袁浩，一起组建了团队。唐宋担任编剧、导演，袁浩负责摄影及剪辑。

唐宋他们主要拍女性视角的情感短片，而我，据说是他们故事中的第一个男主角。

彼时，我是他们眼中的神秘男主播。在唐宋的故事里，我总是一个人：一个人录音，一个人吃饭，一个人睡觉，一个人做很多事。我看起来忙碌，但是孤独，只有夜晚真正属于我。

他说，白天总会有需要掩饰的情绪，但夜晚不会，夜晚公平

地包容每一个孤独的灵魂。

因为这句话，我答应了做他的视频里的男主角。

因为不需要露脸，所以拍摄并不难，我们只用了半天的时间就顺利杀青。

晚上我们在传媒大学附近的一家韩料店吃饭。唐宋酒量不行，但"人菜瘾大"，区区半瓶烧酒，就开始回忆前任、吐露心声了。大家彼时相识不久，对对方的过往不甚了解，怎么可能会放过这个"天降八卦"的好机会？于是我抓住唐宋一顿猛灌。在酒精的作用下，情绪被无限放大，我便在唐宋前言不搭后语的表述中，慢慢拼凑起这个故事。

唐宋说，他的前任叫甘琪，是我的一位忠实听众。甘琪每天晚上都要听着我的节目入睡。她曾号称自己有两个男朋友，一个是我，一个是唐宋，我是她耳朵里的男朋友，唐宋是她耳朵旁的男朋友。

区别在于：我说什么甘琪都觉得好听；唐宋说什么，她都听不进去。

唐宋与甘琪是高中同学，甘琪曾是班上理科学得最好的女生，而他是班上作文写得最好的男生。

高考后，唐宋和甘琪一起考上了上海的大学。两人迎来了爱

情的春天。甘琪喜欢上海的复古和摩登，唐宋没什么明确的目标，只是收拾行囊跟随甘琪。但等来到上海后，唐宋渐渐也爱上了这里。

他们喜欢上海的四季分明：春天樱花烂漫的浦西，夏天热情的金山城市沙滩，秋天诗情画意的秋霞圃，冬天浪漫的世纪公园梅园。不像老家，冬天太长，春秋太短，好像还没有好好享受过美景，就急匆匆步入了漫长的酷暑和苦寒。

漫步在樱花遍地的街道，甘琪一次次憧憬着，以后如果可以在上海买房定居就好了，最好房子里有一个带着落地窗的阳台，这样她就可以在阳光正好的午后，泡两杯咖啡，跟唐宋一起窝在阳台的懒人沙发里看书。

或许是考虑到了什么，甘琪想了想又觉得，还是算了，只要在上海有个小家，有他，那就够了。看着一旁喃喃自语的甘琪，唐宋揉了揉她的头发，笑得无奈又欢喜。春夜里的街道很安静，晚风轻柔，两个人看着街道两边的万家灯火，牵着手慢慢走着。

"未来的某一天，这里面总有一盏灯是属于我们的吧。"

唐宋把甘琪说的这句话和这幅画面都放在了心里。

3

　　大学四年，唐宋拼命攒钱，到处做兼职，到了毕业那年，终于存到了人生中的第一个10万块。离心里的那个目标，似乎又迈近了那么小小的一步，虽然可能微不足道，但至少是迈出去了。曾经梦想中的画面似乎在不断完善，画面中多了一猫一狗、一儿一女，他和甘琪笑得甜蜜。

　　2016年，唐宋和甘琪大学毕业。当时甘琪进入一家互联网公司，成为一名女程序员，工作忙碌，薪水可观。

　　但唐宋就不那么容易了。他在一家广告公司写文案，每天都经历着被甲方反复揉搓和无止境地加班的痛苦。

　　唐宋每天要换乘两次地铁去上班。电脑里装着甲方要求他写的那些方案，有的写了11版，有的写了15版，最多的一次，他写了23版方案，最后甲方用了第1版的。

　　后来每次回忆起那段时光，唐宋都会变得沉默，只是觉得荒芜。就像每天都跋涉在一片沙漠中，没有目的地，也看不到尽头。

　　事业的不顺利让唐宋对自己产生了怀疑，明明自己是最擅长给文字做排列组合的，怎么到了甲方那里，自己的产出就像是毫

无用处的垃圾？他觉得在这偌大的上海，热闹是别人的，而他的世界一片荒芜。

唐宋曾经觉得靠一支笔就可以创作出一个美好的未来，但彼时他还没有这个能力。这让他的自信心备受打击，总觉得自己与这个城市格格不入。

还好，虽然人生如荒野，但好在他有一个知心的同路人。甘琪很快就看出了唐宋的不对劲。在一个周末，两人闲在家中，她边晾衣服，边状似不经意地问道："你想不想换一个城市生活啊？"

唐宋说他以前从未在一个姑娘面前流过眼泪，但是那天他哭得像个傻子。

遇到一个可以懂得自己的梦想并愿意耐心守护的人，何其幸运。

于是两个人背着大包小包的行李来到了北京。这一南一北的两座城市，生活习惯和工作氛围完全不同。刚来的第一个星期，甘琪就患了重感冒，发烧，咳嗽，半夜烧到40℃，烧得稀里糊涂，讲起了胡话。半夜不好打车，唐宋急得背着她往医院跑。

挂号、验血、打针，折腾完天也亮了。看着睡在自己怀里的女朋友，唐宋摸了摸她的额头，感觉到那曾经令他焦虑的热度已然退去，这才松了一口气。

甘琪的这场重感冒持续了半个月才好。由于唐宋的睡眠质量一直不是很好，甘琪怕自己咳嗽影响他，深夜喉咙痒的时候，总是把自己闷在被子里，尽量忍着，忍不住才敢小声地咳两声。

那时候唐宋心里想着：这辈子，就是这个人了。无论如何，也得给她幸福，但眼下工作还没有着落。一次偶然的机会，唐宋在网上发布了一个短视频，配上自己擅长的文字，竟然意外收获了很多的粉丝和流量。于是唐宋决定创业，发挥自己的优势，做短视频。

他把自己的想法试探性地跟甘琪说了以后，本以为她会反对，没想到她立刻就同意了。

她深信自己看中的人有实现梦想的能力。唐宋带着她的信任，开始谋划起了未来。

他找到了自己高中时的学弟——就读于传媒大学摄影系的袁浩，提出了共同做一个视频账号的想法。袁浩觉得不错，便答应了。

唐宋提议做音乐微电影，以讲故事的形式还原一首歌本来的意义。起初袁浩不是很看好这个方向，但是唐宋性格里的执拗劲儿上来了，决定了就死活都不愿意改。袁浩只好同意。

音乐微电影并没有唐宋想象中那么简单，他得跟唱片公司谈版权、聊想法。合作就要聊天，聊天就要喝酒，以唐宋那半瓶烧酒就会被放倒的酒量，他的工作进展并没有想象中那么顺利。

唐宋应酬的时间一多，陪伴爱人的时间自然就变得少了。

他心中有愧，每逢接到女友问他何时回家的电话，他总是支支吾吾地哄着她说让她先睡。

好在甘琪理解他的公司在筹备阶段，工作忙需要应酬，但是每当他喝多了，一身酒气回家的时候，还是会忍不住小声地抱怨几句："就不能少喝点？年纪轻轻身体弄坏了怎么办？"

甘琪明明委屈得不行，可是说出来，却全是对他的心疼。还没开始抱怨，自己就先败下阵来。

北京的冬天很冷，两个人租住的房子里暖气不给力，唐宋就每天晚上回家把被窝给甘琪弄暖和了以后再回到公司加班。

然而不管他多晚回家，甘琪总会给他留一盏温暖的灯、留一份热腾腾的饭菜。她则静静地睡在沙发上，侧脸在微弱的灯光下显得格外美丽。她的耳机里播放着唐宋数羊的声音，已经数到1000多只。

那个时候的他们在北京寒冷的夜里，抱得最紧，爱得最深。天虽然冷，但心里暖。

他们好像有无限的精力，去为了两人更好的未来打拼。他们用最简单直白的句子诉说爱意，靠拥抱取暖。

创业初期，休息的时间并不多，但是只要有空，唐宋便会带着甘琪走街串巷。不到半年，唐宋就给她拍了上千张照片，却忘了拍一张两个人的合影，以至于两个人分手后，他一直对此抱有深深的遗憾。

2018年，冬春之交，唐宋和袁浩的账号的粉丝量突破了50万，他们似乎终于熬过了漫长的冬季，要迎来温暖的春天，甘琪却意料之外地接到了家里打来的电话。

甘琪的父亲在下班回家的路上遭遇了车祸，颅内出血严重，病危，让他们速回。

唐宋带着惊慌失措的甘琪火急火燎地赶回了老家内蒙古，但遗憾的是，他们还是没能见到甘琪父亲的最后一面。甘琪的母亲因为无法接受这突如其来的变故，一夜之间仿佛老了10岁，哭得昏天黑地。她无助地反复问女儿："以后可怎么办啊？以后咱们娘俩可怎么办啊？"

婚姻中母亲一直是被父亲宠爱的那一个，生活上从来不用操心，现在少了主心骨，母亲的天仿佛塌了。极度的悲痛下，甘琪不知道该怎么安慰母亲，只能在一边默默流泪。但那一刻她也知

道，这个家里，母亲只剩下她一个亲人了。

唐宋帮忙料理了甘琪父亲的后事，每时每刻地陪在她和她母亲的身边。直到父亲的头七过完，沉浸在悲痛中的甘琪还是没有缓过劲儿来，她强忍着眼泪对唐宋说："你先回去吧，我需要再陪我妈一段时间。"

唐宋不敢走，他深知甘琪现在的状态，怎么可能放心离开呢？但就在这时，袁浩的电话打了过来。账号断更了3天，对于刚刚积累了一定粉丝量和流量的账号来说，持续断更无异于是在自毁前程。袁浩作为合伙人，很清楚唐宋此刻的处境，已经尽力在维持账号的运营，但独木难支，无奈之下才给唐宋打了电话。

甘琪理解袁浩的为难，她让唐宋还是尽快回去。第二天，甘琪送唐宋到机场，两个人紧紧地拥抱，她说："放心，过段时间我就回去找你。"

这一晃就过了3个月。

3个月的时间里，唐宋每天都会给甘琪打视频电话，生怕她多想，眼看着她状态一天天地好起来，心想着她应该快回来了吧。

甘琪回北京没有跟唐宋说。

她是回来收拾行李的。来的时候两个人大包小包，走的时候她只带走了一个行李箱。

或许是无法面对离别，她给唐宋写了封信，信的最后，她说："我走了，不能和你有个家了，对不起。"

唐宋赶回去的时候，客厅里的电饭煲的提示灯还亮着，里面是一锅小米粥，餐桌上还有一盘她亲手拌的黄瓜条，是唐宋喜欢的酸甜口。

唐宋边吃边哭，他不明白，为什么两个人相互依偎熬过了北京漫长的寒冬，熬过了最艰难的创业期，却最终还是要面对分离的结局。他一遍遍给她打电话，然而听到的永远是那个机械的、冰冷的女声："对不起，您所拨打的用户已关机。"当思念无法得到呼应，唐宋就像是茫茫宇宙中孤独遨游的飞船，漫天繁星，却无处落脚，无人回应。

唐宋在家里倒头睡了3天，醒来后跟袁浩说："要不咱们算了吧，我想回家了。"

辛辛苦苦创业这么久，眼见着事业慢慢有了起色，袁浩怎么也不肯算了，不断劝说颓废的唐宋："哥，爱情没了，事业不能也没了啊！你得振作，得好好干，这样以后才有机会追回她啊！"

唐宋就靠"追回她"这口气吊着，重新回到了公司干活。

也是靠这口气，给我发了数条私信后，得到了我的回复，让我当了他的视频里的男主角。

4

"程……程老师，以前我不知道她为什么喜……喜欢你，现在知道了。谢谢你啊，帮我陪伴她度过那么多一个人的夜晚。"

唐宋喝多了，大着舌头，眼眶里蓄满了泪水，深情又脆弱，一眼望过去，像一头受伤的小兽。

后来，唐宋不再拍音乐微电影，他和袁浩开始拍起了情感短片，他们的团队有了第3个人，是袁浩的校友——一个穿了7个耳洞的女生，我们都喊她小鹿。

小鹿人如其名，眼睛大大的，笑起来天真可爱。我第一次见到她，就知道唐宋他们这次一定能成功。

小鹿说她的7个耳洞，代表着她交过的7个男朋友。第一次听到这个说法时，我颇为震惊。

但是唐宋不允许她在拍摄时戴任何耳饰，因为这点，3个人在第一次合作时，就闹得很不愉快。

因为唐宋的脚本里写着，女主角的左耳上有一颗小痣，他要着重给这颗痣特写。

小鹿起先是不满的，觉得这根本就是故意找碴，但耐不住唐宋是老板，于是骂骂咧咧地卸掉了自己所有的耳饰，又用眼线笔，按照唐宋说的位置给自己点了痣。

可是点了3次，又擦了3次，唐宋总是说位置不对。这下小鹿彻底火了，把眼线笔塞到唐宋手里，让他自己点。

唐宋握着眼线笔的手微微地抖了一下，最后还是认真地在小鹿的耳垂上点上了那颗痣。

如我所料，小鹿火了，唐宋他们的账号火了。

在连续3个视频的点赞量过了百万后，袁浩打电话邀请我去参加他们的聚会。

我拎着一瓶香槟欣然赴约。再次见面，我发现唐宋瘦了不少，身子在宽大的西装里晃荡，整个人看起来仿佛风一吹就能倒。想说的话就在嘴边，但看他的样子，还是忍住了。

聚会还来了好多不认识的朋友，大家都很开心，难免多喝了一点。酒过三巡，唐宋点了根烟，吸了一口，见他脸颊都瘦得凹了进去，我还是问了那句："你最近还好吗？"

唐宋拿烟的手摆了摆："也好，也不好。"正准备叙叙旧，旁边就有人端着酒来祝贺。唐宋端起酒杯，脸上重新换上一副开心的表情，但我总觉得，那个笑容和当初看到的不一样了，仿佛下一秒就会掉下来。

我明白他没说完的那后半句话：好是工作终于逐渐走向正轨；不好是唐宋失眠得厉害，总是眼睛一闭，脑海里就闪过甘琪的影子。

他拍短片，写故事，每个视频里都要给女主角左耳的痣特写。也有人问：这颗痣到底代表着什么？

作为账号的运营人，唐宋从来没有回复过。

其实，是因为甘琪的左耳有一颗痣。他每一次站在她的左手边低头看她时，都可以清晰看到那颗痣；每一次对她讲情话时，都能看到那颗痣在帮他亲吻她的耳畔。

而如今，她离开了，他只能用这种方式诉说思念。

从那时起，思念成为一种对抗生活的良药，成为唐宋最"积极"的生活方式。只有这个时候，他才能感觉到胸腔内那颗心脏是跳动的。

我问唐宋今后有何打算。他又吸了一口烟，说："我只想她好，我就随意吧。"

那时候我还不知道唐宋说的随意，真的就那么随意。

从2020年开始，我再未见过他的身边有其他女生出现，他拒绝了大多数社交活动，留起了长发，蓄了胡子，在外形上把自己变成了另一种样子。

故事散场，帷幕落下，只有他还站在舞台上，要继续演完整场人生。

年年都有花开，他却始终执着于那年盛夏，执着于只为他盛开的那朵花。

5

据说他在今年过年回家的时候见过甘琪一面，两个人在人声鼎沸的街头偶遇，甘琪的身边站着一个陌生的男生，两人挽着的胳膊暴露了他们的关系。

看到唐宋的那一刻，甘琪愣了一下，但还是主动上前打招呼，说："好久不见。回来过年吗？"

唐宋费了好大的力气才点了点头，又忍不住多看了两眼站在甘琪旁边的那个男人。

甘琪没有要给两人介绍的意思，而是跟身边的男人说了句"你先回，我妈那边不能离开人太久"。

男人笑着回了声"好"，朝唐宋点头示意抱歉后便先走了，把空间留给了唐宋和甘琪。甘琪找了家咖啡店，唐宋随她一起进

去坐下。

两个人相对无言。唐宋仔细打量着眼前人，这两年变化好像不大，只是人清瘦了一些，脸颊上的肉少了，黑眼圈也有点重了，不过精神状态还算饱满。唐宋见状，心里的石头稍微落下了一些。

甘琪率先打破沉默。

"你有几年没回家过年了吧？怎么样，家里是不是变化很大？"

几年的时间过去了，想着两人从曾经的无话不谈变成了今天这样需要尴尬地开启对话，唐宋有些难过。他满腔酸涩，终于还是问出了那句："你呢？我想知道你好不好。"

甘琪说她的母亲自父亲走后就得了躁郁症，自己回来后就一直陪着她，好在这两年病情稍微稳定了一些。

她拢了拢耳边的头发，露出了那颗痣，唐宋盯着那颗痣发了好久的呆。

"我也挺好的，你放心吧。你刚刚看到的那位是我的未婚夫，他是一名医生，当初参与了我父亲的抢救，我母亲生病后，他对我也很照顾，我们交往了一年的时间，今年元旦刚订了婚，准备6月初办婚礼，你有空的话，到时候来喝杯喜酒。"

甘琪笑了笑，笑容里有欣慰，有释然，还有更多唐宋现在已经解读不出来的情绪。

明明应该祝福她的，但唐宋却怎么也说不出口。他甚至用了好久才消化了甘琪后面说的话：她希望唐宋也可以朝前看，不要再让自己活在过去。

甘琪还说，她经常看他拍的视频，她一直都知道他会实现梦想，成为一个好的编剧，恭喜他做到了。

分别的时候，甘琪笑着跟他说"再见"，但是唐宋知道，两个人以后不会再见面了。

真正爱过的人，自然会明白彼此想要表达的意思。

当年，在梦想与生活面前，她为他义无反顾地来到陌生的城市；如今，她再一次帮他做出选择，转身离场，不让他为难。

或许只有当一个人真的离开了，你才会明白她在你生命中的分量。所以尽管你已经远去，**我还是选择再来看看你，好让我把这份绝望的心意，默默誉记。**

那些年的爱意，此时他要一个人藏好，收进记忆的匣子里好好封存，不能去打扰她的生活。

这一生中，或许时光真的太过匆匆，在我们来不及细细品味时，就已在爱、失去、思念与遗忘中轮回。有些人，注定如同过

客，只能在我们的人生旅途中短暂相伴。就算曾是彼此生命中不可或缺的存在，然而当告别的时刻来临，我们只需要洒脱地挥一挥衣袖，转身继续向前迈进。因为，前行的路上还会有新的花朵在等待着我们。

"若你喜欢怪人，其实我很美"

她的爱永远热烈、真诚，即使磕磕碰碰，撞了南墙，下一次还是会奋不顾身，哪怕再次受伤，她也会一头闯进这红尘里。

你们有没有遇到过这样的人？

在她的世界里，爱情是必需品，每一段爱情的结束对于她来说都像是一次抽筋拔骨，但是下一段爱情来的时候她又能拎着自己被伤害得千疮百孔的心修修补补，以最快的速度做好"灾后重建"工作，投入下一段感情。

小鹿就是这样的一个姑娘，她是我见过的最喜欢谈恋爱的人，因为前男友众多，我们对她的称呼简单直白——"渣女"。

当然，大家调侃打趣的成分更多。

"渣女"小鹿是唐宋公司的签约演员，负责在短视频账号里演一些爱而不得的角色。2019年，他们的账号小火了一把，小鹿也因此积攒了一些粉丝。

在粉丝的眼里，小鹿是一个笑眼弯弯、长相甜美的可爱女生，然而了解她的人知道，她可不是什么传统意义上的乖乖女。

小鹿有7个耳洞，而且每一个耳洞，据她所说，都代表了一段"刻骨铭心的过往"。7个耳洞代表了她的7个前任，不管你指着她哪一个耳洞问，她都能立刻讲述一段凄美的爱情故事，闻者落泪，听者伤心。

我们调侃她：人家都是脸上写满了故事，你是写耳朵上了啊！她听罢哈哈大笑，笑得没心没肺。

她形容每一段恋情结束，就像生了一次冻疮，开始只是痒痒麻麻的，后来慢慢发炎溃烂，但春暖花开时，又会痊愈。

我曾经试探性地问过小鹿："你最爱你的哪个耳洞啊？"

"每一任，我都爱。"说这话的时候，小鹿刚刚喝完面前杯子里的酒，故事从眼底开始浮现。

小鹿虽然年纪不大，但是在感情上着实有些"壮举"，让我们不得不佩服。

用小鹿自己的话说：她可以没有钱，但是不能没有爱。

有爱饮水饱，理解。但是她长得这么好看，怎么可能缺爱呢？

小鹿笑了笑，没有回应，但笑容里有些哀伤。我当时想，或许是我眼花吧。

"你们都觉得我是个怪人吧？可我只是诚实地面对自己的感情啊！歌里怎么唱来着？'若你喜欢怪人，其实我很美。'"小鹿笑得光明磊落，反倒让我们这群探究八卦的人悻悻而归。

小鹿出生于一座江南小城。她出生不久后，父母便感情破裂，很快办完离婚手续，鹿妈头也不回地就离开了家，而鹿爸觉得女儿就是累赘，自始至终都没正眼看过她。

彼时小鹿才刚满6个月，在她还不知道什么是父爱、母爱的时候，她已经失去了来自亲生父母的疼爱。

"没有得到过，也就谈不上失去。"小鹿说这话的时候，没有什么表情。我也没敢揣测这句话背后的情绪。

　　最后是小鹿的外婆来到小鹿家里把她带到乡下，把她从6个月养到了16岁。外婆很疼爱她，但光是照顾好两个人的饮食起居，就几乎耗尽了老人的精力。

　　小时候小鹿经常听到村里的小朋友喊她"没妈的孩子""野孩子"，小孩子无意识的玩笑话才最恶毒。小鹿为了不让外婆担心，从未提起过这件事。小小年纪的她从不理会那些人背后的议论，只专心学习，因为外婆说了，要好好学习才能有出息，才不会被人看不起。好在小鹿聪明又努力，成绩一直名列前茅。

　　小鹿6岁那年，鹿妈再婚，结婚前她回来看望女儿。不知道是不是出于愧疚，鹿妈给她买了一堆零食、衣服和玩具，那是小鹿童年记忆里和妈妈待在一起最长的一段时间。

　　那段日子里，她不再是那些同龄人口中"没妈的孩子"，她享受着妈妈的陪伴，晚上睡觉都要紧紧拉着妈妈的手，生怕这是一场美梦，第二天一睁眼妈妈就消失了。

　　直到有一天，小鹿兴冲冲地拿着奖状跑回家，却在每间屋子里都找不到妈妈的身影。站在空荡荡的屋子里，她终于明白，原来妈妈根本没有想要留下来，更不会把她带走。那一刻，小鹿的梦醒了，她把奖状塞回书包。日子回到之前那样，只是她从此再也没有提起过妈妈的事。

鹿妈再婚后很快给小鹿生了一个弟弟，这个孩子的到来也让她彻底忘记了自己还有一个女儿。从此，对小鹿而言，妈妈成了过节时电话中的一声问候，遥远，陌生。

小鹿16岁那年考入了县城的高中，开始了她的住校生活。从未离开过农村的她，初到县城，对一切都充满了好奇，但繁忙的学业和陌生的环境很快让她倍感压力。农村的教育条件与县城的相比存在明显的差距，小鹿说她第一次感到无能为力，物理、化学这些她原本擅长的科目，此刻成了她前进道路上的阻碍。然而，她并未放弃，每天都在与学习较劲，积极地追赶着其他同学的脚步。

在这追赶的过程中，小鹿结识了同桌孙斌。孙斌是在县城长大的孩子，理科成绩优异，性格活泼，与班上大多数同学相处融洽。他看到小鹿的努力和坚持，深受感动，便主动帮助她整理错题集，分享学习经验。有时候，孙斌还会带妈妈做的美食与小鹿分享。

孙斌的温暖和友善给小鹿带来了很多安慰和鼓励。无论是在学习上的互帮互助，还是在生活中的点滴分享，他如同阳光般照耀着小鹿，让她在这个大城市里感受到了家的温暖。在孙斌的支

持下，小鹿逐渐走出了初到县城的迷茫与不安，找到了属于自己的方向。她的学习成绩也日渐有了起色，期末考试的成绩进步了许多。

时光荏苒，转眼间到了即将分别的盛夏。小鹿以优异的成绩为自己的高中生活画上了一个圆满的句号。为了庆祝这一重要时刻，也为了迎接新的人生阶段，同学们约着小鹿去公园野餐，其中包括孙斌。

公园里，同学们围坐在野餐垫上，中间摆满了吃的、喝的。这时，有同学提议大家轮流说说各自心中的理想大学和专业。按照顺序，小鹿和孙斌分别是最后一个和倒数第三个。小鹿发现，前面的同学所选的学校都不算太远，甚至有人还选了同一所学校。那一刻，小鹿也开始有所期待，她希望能和孙斌一起去北京上大学。

孙斌像是有所感应似的，转头的一瞬间，对上了小鹿的眼神，而他所选的学校也在北京。

那天午后的阳光正好照在男孩的身上，像罩上了一层光晕，树叶洒下的阴影在他身上安静地摇曳，少年明亮得触手可及，女孩的心跳也跟着漏了一拍。

然而，在接到录取通知书的那一刻，孙斌发现父母早已为他规划了未来的道路，而那封西南政法大学的录取通知书就是明证。

孙斌将自己被西南政法大学录取的事告诉了小鹿，小鹿听后也明白了他们之间的鸿沟。她深知，他们之间的距离已不仅仅是地域的隔阂，更是生活轨迹的差异。

几天后，小鹿去打了人生中的第一个耳洞，耳针扎进皮肉的那一刻，耳朵上传来的痛意最快传达到大脑，麻麻的，烫烫的，但是持续的时间很短。

就像她内心的初恋，只是短暂地疼了那么一下。

后来小鹿如愿来到北京，在这里开启了自己的大学生活，并迎来她人生的第一个转折点。

刚上大学的小鹿还未意识到自己是一位美女，但"美妆达人"室友有一双善于发现美的眼睛，在她的帮助下，小鹿开始尝试化妆和搭配，看着镜子中焕然一新的自己，像是刚参加了一场告别过去的仪式。她喜欢这般自信的自己。

小鹿身材苗条，腿长手长，再加上从小就被外婆训练的不驼

背的体态，很快就吸引了学校礼仪队的注意，最终成为礼仪队的一员。

从此，学校大大小小的活动中，总能看到小鹿的身影。凭借姣好的外形，小鹿吸引到的追求者越来越多。

大一下学期，小鹿迎来了自己的恋爱，男主角是她同系的学长。

学长之所以可以在小鹿的众多追求者中脱颖而出，用小鹿的话说是因为他足够细心。

他能察觉小鹿的情绪，向来要用表情符号作为对话结尾的小鹿如果某次用了标点来结尾，就代表她的心情不太好。

他能在小鹿每个月缺席礼仪队排练的那几天跑到她的宿舍楼下，给她打好开水，送来暖宝宝。

他能在大家一起聚餐时，发现被小鹿挑在一旁的葱，然后在下次吃饭时，主动跟服务员说不要放葱。

诸如此类的体贴还有太多，所以当他问她愿意不愿意做他女朋友的时候，小鹿毫不犹豫地答应了。

与学长的这段恋爱，是小鹿谈过的时间最长、最稳定的一段恋爱。

直到学长大四那年收到国外某高校的录取通知书，问她能不能等自己两年，两年后他就回来跟她结婚时，小鹿说了"不愿意"。

那一年小鹿20岁。之前的20年，她一直都是在等待中度过的，等她的母亲，等她的父亲，等待长大了能照顾年迈的外婆，但是她什么都没有等到。所以这一次，当她有选择权的时候，她选择了不等。

学长离开后，小鹿去打了第二个耳洞。正值炎热的盛夏，耳洞还发了炎，反反复复，最后还留了疤。

小鹿越发觉得神奇，怎么这一次打耳洞也像极了她的爱情，让她真真切切地痛到了，但是也真真切切地留下了烙印。

"那有什么让你印象深刻的经历呢？"我决心从她嘴里套出点八卦。

"有一个男人，他是一个……嗯……能让我蜷缩起来的人。"

"嗯？"

"和他在一起时，我可以放心做回自己，好像可以蜷缩起

来，享受一场安乐的美梦。"

小鹿恢复单身后，曾经的追求者们再次活跃了起来，学校的表白墙上时常能够看到有人向她表白。

小鹿还没从分手的难过中缓过劲儿来，对这些表白也是视而不见。室友见她日渐消瘦，生拉硬拽着要带她出去放松一下心情。

那是小鹿第一次去 Live House（音乐展演空间），她一进去就爱上了那种感觉 ——那种可以放下一切，只享受当下的感觉。

自那以后，小鹿成了 Live House 的常客，也是在那里，她结识了自己的新男友。

小鹿的新男友是一位金融人士，成熟，稳重，举止得体。他们第一次相遇是在小鹿常去的那家 Live House 门口。那天有小鹿喜欢的乐队巡演，但她有一节必修课要上，待她赶到的时候演出已经快要开始。

小鹿看着 Live House 门口排着检票的长队心急如焚，预感到这下一定挤不到前面。排在她前面的是同样刚下班就跑来看演出的男生，见小鹿着急，主动跟她说："没事，二楼的风景也还不错。"

鬼使神差般，小鹿那天真的就跟他一起上二楼看完了整场演出。虽然不及在人群中跟着大家一起挥舞双手、踮脚跳跃那般痛快，却可以在自己喜欢的歌的前奏响起时，大声地跟对方分享彼此的欢乐。

这种感觉，如他所说，的确还不错。

那场演出后，两人交换了联系方式，之后经常约对方出来，偶尔看一场演出，偶尔看一场电影，偶尔吃一顿饭。偶尔只是因为对方说"好像想你了"。

小鹿说那是她谈过的所有恋爱里，最浪漫的一次。

两个人莫名地合拍：喜欢同一支乐队，喜欢同一种运动，喜欢同一家餐厅，喜欢在同样的凌晨4点醒来，在朋友圈分享一首喜欢的歌。他们好像是天生就该在一起的人。

小鹿的再次恋爱，让她平淡的大学生活变得鲜活起来。

他教会她很多来自学校之外的东西，比如如何选择一条得体的裙子参加舞会，比如看展时要在拍照前询问工作人员自己是否可以拍。

再比如，他告诉小鹿：**女生的自信其实并不来自外界，而是本身就相信自己，相信自己就是值得被爱的人。**

在这段感情里，小鹿是带着一点点崇拜和感激的，她觉得

是他把自己从她以为的糟糕世界里拉了出来，并给了她发光的权利。

然而，即使是这样契合的爱情，也没抵得住时间。

对了，我忘了说，小鹿与他交往的时候，她20岁，他32岁，他觉得自己到了成家的年纪，而小鹿觉得精彩的人生才刚刚开始，并不想马上就踏入婚姻，于是两个人和平分手。

他们就像《天生一对》的歌词里唱的那样："最明白的只有你，是给我拥抱还是该放手。"

时光并不会因为某个人的离开而停止，不断有新的人进入她的生活，也不断有人中途离开。转眼小鹿来到25岁，她拥有了7个耳洞，7位前任。

我们常常打趣说，她的每一个前任拎出来都算得上是高质量男性，怎么她就没跟任何人走到最后呢？

小鹿笑笑说："说出来你们可能不信，其实每一位前任，我都是带着跟他们走到最后的决心在交往的。"

只可惜，世事难料啊！

我问她："既然如此，为什么你还会这么积极地谈恋爱？就不怕接着受伤吗？"

小鹿回答："我不去爱，怎么会知道自己能不能跟这人走到最后呢？如果在每一段感情中都抱着可能会受伤的心态，那我就永远不会开始，也不会遇见他们。"

就像那些耳洞，可能是伤口的纪念，但她用漂亮的耳钉装饰起来，让每一段回忆里的感情都熠熠生辉。不是在粉饰太平，而是他们真的都装饰过她的曾经。

小鹿就是这样的人，她不能没有爱情，即使有可能会受伤，但是从不会因此而放弃开始的可能。她认真地对待每一份感情，真诚地回馈并付出。她的爱永远热烈、真诚，即使磕磕碰碰，撞了南墙，下一次还是会奋不顾身，哪怕再次受伤，她也会一头闯进这红尘里。

她有能力爱自己，也有余力爱别人。

Chapter 2

有些人的出现，可以帮你抵御时间

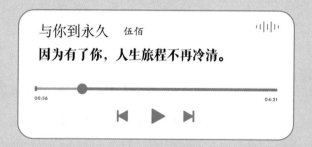

与你到永久　　伍佰

因为有了你，人生旅程不再冷清。

00:56　　　　　　　　　　　　　　　　　　04:21

浪漫就是生活本身

愿你一生所有精彩的、浪漫的、疯狂的、灿烂的体验，都如你所愿。

我们站在北京 39℃的高温下，周围人来人往，都纷纷好奇地打量我们仨。头上的发套勒得我头皮发麻，也可能不是因为勒着。发套是从淘宝淘来的，身上的花衬衫是袁浩和唐宋从他们爸妈的衣柜底翻出来的。我手心和后背开始出汗，但似乎并不是因为热。

当唐宋用他并不标准的英文大声喊出"Action！"，并按下录制键的那一刻，我后悔了。

早知道不该喝最后那杯酒的，不然现在也不用陪着他们发疯。懊悔的情绪翻涌上来，像是宿醉后的反刍，隔了一晚，最终还是来临了。

我、唐宋、袁浩，3个人化了老年妆，在城市街头开始了一段夕阳红情景剧的拍摄——事情的起因是袁浩提议重拍一版他老妈最爱的那首《失恋阵线联盟》的MV，作为送给妈妈的生日礼物。

现在看来，这更像是一场行为艺术。

从袁浩随口提出这个拍摄方案，到现在我们打扮怪异地站在镜头前听到"Action！"，整个策划的过程也不过是一个晚上。

荒唐，甚至有些荒谬。

但是，如果是和他们一起，好像又一点都不奇怪。

我和唐宋、袁浩成为朋友的原因，或许就是我们能够读懂彼此表面极力掩藏，可心里不时冒出的古怪念头。

我其实一直是个看似理性，实际上总会冒出奇怪的念头，却永远没有勇气实施的人。因为长期戴着面具出现在人前，我早就

已经忘了好好拍照是什么样的感觉。面具戴久了就不容易摘下，长期处于同一种紧绷的状态，我已经不记得上次发自内心地大笑是什么时候了。

这次拍摄起于酒桌上的一句戏言。当时我们正在吃着饭，袁浩忽然说起他妈妈的生日快到了，正发愁不知道送什么礼物。我们积极建言献策，却没一个靠谱的。

"要我说，你得摸清你妈妈的喜好，对症下药。"唐宋提了一杯酒。

"这么多年了，我妈还是只喜欢《失恋阵线联盟》这一首歌，要不就拍一版老年版 MV 送给她，有创意，有新意。到时候哥几个都来参演啊。"

我们纷纷举杯，拍着桌子表示没有问题，包在哥几个身上。转头便就着杯中酒把这句承诺咽进肚子里，谁也没有往心里去。

只有袁浩当真了。他连夜整理出了拍摄脚本，第二天一早就丢进了我们几个人的小群。我是被微信提示音吵醒的，头昏脑涨地点开，几十条消息忽地一下涌进来，等看完我的酒一下子就醒了。

"不是……你小子来真的呀？！"

"当然，你俩可是答应了我的，我可有录音，别想赖掉。妆造和设备我都联系好了，地点在青年路广场，不见不散。"

当下，我恨不得冲进手机屏幕把袁浩拎出来，看看他脑子里是不是还装着昨晚没有消化的酒。

袁浩通知完我们后就不再说话，唐宋那边还在沉默，我发消息问他："你怎么看？"

微信上方一直显示"对方正在输入中……"，看来他也很纠结，很好，这就说明这件事还有推托的余地。

"其实也不是不行。"半晌，唐宋的微信消息发了过来，"我觉得这件事……还挺有意义的。"

我彻底放弃抵抗。微信群里提示音不断响起，我把手机扔到一旁，把头塞进被子里，像一只逃避的鸵鸟。

那一刻，我决定戒酒。

就这样，我们3个在周六的中午，一起站在了青年路广场。

当人家化完妆、换好衣服走出来，见到彼此的那一刻，我们先是面面相觑，随即发出一阵爆笑。本想着走复古风，结果几个人却像是20世纪90年代的电影里跟在大哥身后的小弟。

摄像机打开、音乐声响起的那一刻，我的社恐症发作了，为了不耽误拍摄进度，我并没有表现出来。但唐宋看出来了。

"这个MV只是给袁浩他妈妈看看，紧张什么啊？没有人知道是你这个堂堂大主播出演的。"

我一直觉得唐宋这个家伙有做销售的潜力，不然当初也不能"骗"我来做他的短视频的男主，又把我"骗"成了他的兄弟，现如今还拉着我一起拍MV。

我为昨晚稀里糊涂就做出决定而悔恨不已。事已至此，只能硬着头皮上了。

在唐宋和袁浩签字画押，保证这支MV除了我们仨以及袁浩老妈外，不会有第五个人看到以后，我终于松了口气，颇有壮士断腕的悲壮感。

拍摄不出所料地出现了许多问题，大多数问题还是出在我身上。我从来没有参与过正儿八经的MV拍摄，对唐宋的脚本提出了诸多质疑：人物之间的出场顺序；一些对话想用闽南方言，可我们中没人会说正宗的闽南方言；广场上人来人往，我们在那儿表演，简直就跟耍猴差不多。

唐宋理解，知道我放不开，最后将拍摄地点改成了袁浩学校的后门——正值暑假，行人不多。

即便如此，我依旧觉得十分紧张，几乎一有人经过就会分神。我控制不住地想把自己藏起来，人们好奇的探究目光像是一把利刃，将我作为一个成年人的那份矜持、体面杀了个片甲不留。我的面部僵硬得几乎要抽搐，舌头也开始打转，不听使唤，几次说台词时都没发出声音；四肢僵硬，像是新安装上的一样。

真是越努力越心酸。

夏天中午的太阳烧得人心慌，头套也被汗浸湿了，再加上我始终进入不了状态，最终大家只好原地休息，调整状态。

我们在学校附近唯一还在营业的一家奶茶店，一人点了杯喝的，然后坐在树荫下消暑。

"你说，我们老了以后，还能不能再聚在一起干这种疯狂的事？"唐宋喝着奶茶，忽然开口。

袁浩把摄像机架在一旁，吸了一口冰奶茶，嚼了嚼珍珠，口味甜腻，的确是上学的时候偷偷买的奶茶的那种味道。

"谁知道呢。不过我们现在就是老年人啊！"袁浩举起奶茶杯子又看了看，不禁皱眉。

虽是暑假，但也还有留校的学生路过，看到我们仨"时尚"的"爷爷"都很难收住好奇的眼神。

"看什么看，没看过爷爷喝奶茶吗？"唐宋拽得跟二五八万似

的，我没忍住朝他的腔上踹了一脚，他回我一拳，转身跟学生们道歉，说刚刚在开玩笑。好在人家并不在意，摆摆手表示没事便走了。

"有时候倒是真希望有一个时间加速器，让自己早早变老，或许到那个时候，我就不会像现在这么难熬了。"

唐宋突如其来的感慨瞬间把本来轻松的气氛变得有些凝重。我本来想劝他，但张了张嘴，还是忍住了。**谁又比谁过得容易呢？我们已经不是为了更优秀而努力，仅仅是为了达到普通标准就已经需要拼尽全力。**

大家默契地一起陷入了沉默。**城市像是患了一场高烧，我们被围堵在39℃的高温中，风也犹豫不决，偶尔吹来一下，像是偷偷试探。**

生活本不应该这样的。

4

一直以来，我都处于高强度的工作状态中，总听到有人说我拼，但是他们不知道的是，拼，其实是因为我是一个非常有危机感的人。

在通往未来的路上，我习惯跑，我总觉得只有跑得快点，再快一点，才能不被时代抛下。因为我知道，我的身前和身后有太多人，大家都在奔跑。

不知道从什么时候开始，焦虑成了生活的关键词和日复一日的精神内耗，我不遗余力地想在各方面得到人们的认可。即使拥有了那么多的听众，即使被众人围绕，偶尔还是觉得孤独。有的时候也会有"如果不创业或许自己就不会这么累"的念头冒出来，但这个念头很快就会被压下去。没有办法回头，只能向前奔跑。跑起来，耳边就只剩下风声，风自然会为你拂散阴霾。

我就是要拼啊，就是要看到有一束追我而来的光。

但是偶尔，人也需要放松，去接触一些新鲜的事物，去认识一些新的朋友，去让自己的状态和每天都在更新的世界一起变得鲜活。

好像只有面对他们的时候，我才能从紧张的状态中抽离出来，去完成一次新的体验。

燥热的空气中，我听到了轻轻的风吹响头顶上的树叶的声音。

唐宋突然故意沉着声音，低低地开口："她总是只留下电话号码，从不肯让我送她回家……"

"听说你也曾经爱上过她，曾经也同样无法自拔……"袁浩看了我一眼，紧接着也加入了他。

两个人一边唱一边扭动身体，舞姿并不好看，但没有人在乎。我一直紧绷着的神经浸泡在他们的欢乐中，慢慢变得松弛、柔软。好，现在就把身体交给音乐，什么都不去想，也不用在意旁人的眼光，恐惧感随之消失。原来，只要关注自己就好了。

我起身，随着音乐扭动身体，开口跟着他们一起唱：

我们这么在乎她

却被她全部抹煞

越疼她越伤心

永远得不到回答

到底她怎么想

应该继续猜测吗

还是说好全忘了吧

镜头不知道什么时候打开了，我们3个30岁的人，在北京盛夏的高温中，以老年人的身份，在街道上唱完了这首《失恋阵线联盟》——确切地说是吼完了。这场演出收获了路人无数个或震惊或不解或欣赏的眼神，摄像机关机的那一刻，我们相视一笑，体内积压的所有负面情绪，似乎也都随着汗水蒸发在北京39℃的高温中。

让心情好好地放个假，让所有的坏情绪"在记忆里画一个叉"。

原来浪漫的成本其实很低，有时候可以只是一场短暂的逃离、一场看似荒唐的狂欢。我们从时间那里偷偷借来了一晌，去拥抱这生活的浪漫。

那天下午，我仿佛真的成了一个固执而又挑剔的老头，给他们挑了很多的刺，但大家都认真地接受了。我依然难以克服表演的羞耻感，觉得尴尬，但那一刻我忽然觉得：**我有了更多面对未知的勇气，即使仍会觉得尴尬、恐惧，但我不再害怕迈出那一步。**

晚上9点，我们相约在常去的烧烤店，在喧嚷的烧烤店以啤酒庆祝再一次的杀青。

"要不是看你的创意有点意思，谁会像个傻子似的陪你去一起丢人？”唐宋一口气灌了一杯啤酒，用空杯和袁浩碰了杯。

“也不知道谁当时照镜子照了整整10分钟，还说自己是校草级别的容貌，老了也那么帅。”我和袁浩毫不留情地嘲笑了唐宋一番。

唐宋不屑地点了根烟，将打火机往桌上一丢，然后说了两个字——“离谱”。

唐宋说得没错，这一切都发生得太过离谱，但是当成片出来的时候，我依旧为此感动了很久。

唐宋和袁浩没有食言，这支MV至今只在我们的群里和袁浩老妈的手机里，其他人都没有看过。

“敬这个世界上所有浪漫的疯子。敬我们。”

我看着唐宋随视频一起发过来的这句话，瞬间热泪盈眶。

在这个温柔的世界里，我有很多的朋友。他们是像日升月落一样熟悉的存在，有的十分靠谱，有的十分离谱。

我们也许不能永远都像年轻时那样高喊着罗曼蒂克的口号为爱冲锋陷阵，坚称浪漫至死不渝；我们也许不能像所有故事中的英雄那样将自己的英雄主义进行到底。**我们能做的只是走在各自选择的路上，或执着，或迷惘。不过无论怎样，我们都不会停下**

向前的脚步。

　　就像罗曼·罗兰的那句至理名言：世界上只有一种真正的英雄主义，那就是认识生活的真相后依然热爱生活。**我们终究会变成一个规规矩矩的成年人，收敛起锋芒，学着"将头发梳成大人模样"，学着在社会的规则里生存，但好在身边还有这样一群朋友，能随时随地陪你一起疯狂，一起做回一个开心的孩子。**

　　人生难得是理解。那个下午，就是我对友谊最美好的憧憬，前行的路上，我们一边捡拾，一边丢失，而他们始终陪在我身边。

　　原来朋友就是，我懂你所有的隐晦与皎洁，你给我失意时继续勇敢下去的底气。

　　生活就是浪漫本身，和有趣的人在一起，赏月、听雨、观花，漫无边际地聊天，没有目标地穿街走巷，一起细数岁月长情。

　　我永远因为这些浪漫的朋友而坚信浪漫就是生活本身，也祝这个温柔的世界里的所有人保持浪漫，坚定理想。

　　大胆去做自己喜欢的事，去坚持你想坚持的一切，去爱人也好，去妥协也罢，愿你此生所有精彩的、浪漫的、疯狂的、灿烂的体验，都如你所愿。

热爱可抵岁月漫长

你要大胆去爱、去闯、去体验。轻易就"躺平"的话，还要这漫长的人生干什么呢？

去年去杭州出差的时候，偶然在高铁上碰到一个背着大包的小姑娘。

刚入夏，天气已经开始燥热起来。车厢里有些闷热，人心也跟着浮躁。走廊很狭窄，人群走动时难免会磕磕碰碰。好不容易找到座位，放行李的时候一不小心差点脱手，说时迟，那时快，忽然身后伸出一只手帮忙托住了行李。

我一脸感激，帮忙的姑娘笑笑，说："举手之劳。"说完在我身旁的座位坐下了。

放好行李，坐在座位上，我这才有时间好好道谢，顺便认真打量了一下那个姑娘。她的皮肤呈现健康的小麦色，手臂上若隐若现的肌肉线条流畅而有力。"怪不得刚才手疾眼快的。"我一边感叹，一边暗暗捏了捏自己的手臂。

北京到杭州5个多小时的车程，姑娘一直戴着耳机，我也不便搭话。到了中午饭点，乘务员广播说有卤肉饭供应时，我的肚子仿佛听到召唤般叫出了声。与此同时，我听到了身旁响起了一个同频率的声音。我缓缓转过头，正好撞上姑娘略显尴尬和疑惑的目光。戴着口罩，我俩互相看了对方一眼，默契地笑了笑。

当我们在餐厅撞见时，她正埋头吃盒饭。"又见面了。"看着各自手中那盒卤肉饭时，我们终于禁不住"扑哧"一声笑出来。年龄相仿，话匣子自然就很轻易地被打开了。交谈中我了解到，姑娘名叫方禾，是一名摄影师，这次出来是为了采风。

"怪不得。"

"嗯？什么？"方禾疑惑，却并没有抬头，专心"干饭"。

"怪不得你的胳膊看起来如此有力——都是举相机举的吧？"

方禾这才抬起头，弯起胳膊摸了摸自己的肱二头肌："嗯，的确。"说完，憨憨地笑了。

这姑娘，还挺有意思的。这趟旅途应该不会无聊了。

方禾说她学习摄影的时间并不算长，目前最多只能算个摄影爱好者。

"真的，就纯粹是个爱好。"不知道是不是谦辞，于是她给我看她拍的作品，一边看一边讲解：拍摄的地点、发生的故事、遇到过的有趣的人。整个过程中，我真的能感受到她身上的那份热爱，眼神中闪着熠熠的光。

"这些照片都非常棒啊！你真的很有天赋。"

"其实，我一度想要放弃的。"

方禾主动打开了话匣子。

2020年4月27日，方禾印象深刻，因为早上一杯意外泼洒的咖啡成功开启了方禾倒霉又憋屈的一天。

其实吧，这个事……挺凑巧的。前一天晚上，方禾在家喝酒庆祝。每个周日的晚上喝一点放松身心的酒，以此来犒劳辛苦了一周的自己，换得一夜的好睡眠，为活力满满的全新一天做准备，这是她自工作以来一直坚持的小小仪式，也是她独特的充电方式。

但显然，昨晚后来多喝的那一杯惹了祸。本以为果酒多喝一点没什么，谁承想后劲这么大。早上醒来的时候已经比平时晚了，她迷迷糊糊地起床来到饭桌前，依旧是习惯性地闭着眼睛握着杯子伸到咖啡机下，结果今天默数的时间长了一些，咖啡溢出来烫到了她的手指，她猛地一松，整个杯子摔在了地上，发出清脆的碎裂声。这个杯子是前天她过生日时朋友送的。

好巧不巧，溅出来的咖啡正好洒向了她昨晚熨好叠放在一旁椅子上的白衬衫。方禾看着白衬衫上新绘的"地图"，懊恼地敲了敲还有些发蒙的脑袋，胡乱地从衣篓里拽出两件衣服，尽管有些皱，但也顾不上那么多了。紧赶慢赶到了地铁站，方禾才想起来忘了带手机，又急忙折了回去取。在地铁上，她一边叹气，一边懊恼自己昨晚不该贪杯的。

卡点到了公司，刚进门却又撞见向来不对付的领导，被阴阳怪气地说了几句。回到工位上还没喘匀气，就被组长王姐客气地叫去"探讨"了一下工作，说是"探讨"，无疑就是客气地"通知"。终于，在王姐一番"声东击西"地啰唆后，方禾靠着她还不算特别清醒的头脑总结出了中心思想——她设计的方案虽然很有特色，但不如小李的令人满意，所以公司决定采用小李的方案。

后面的话方禾已经无心听下去了。苦熬半个多月，到头来一场空。说不愤怒是假的，她很清楚这次竞争会影响到后续晋升，但除了愤怒，更多的是无可奈何。

不是没听到过风声说小李走了后门，但人总得给自己点盼头吧，万一只是空穴来风呢？她依旧抱着公平竞争的心态去完成这个项目。无论是因为职场潜规则还是因为自己的方案真的不过关，那个结果都无疑让今天的坏心情雪上加霜。说实话，她有过那么3秒钟的冲动，想要破罐子破摔，发一通脾气，但理智在下一秒迅速归位。鲁迅先生不是说了吗？真的猛士，敢于直面惨淡的人生。

她收起情绪，强撑出一副若无其事的笑脸走出会议室。好不容易平静地回到工位，坐下的时候膝盖却不小心撞到了柜子上，剧痛让她不得不先撑着桌子以免倒下去，却又因为没撑稳而把桌上的文件碰倒了。

望着散落一地的纸张，方禾愣住了。膝盖传来的剧痛此时正在摧毁她最脆弱的神经。真想大哭一场，但领导递过来的工作文件让她没有心思也没有时间躲出去。逃避不可耻，但好像也没用。

"This has to be the worst day of my life."（这一定是我这一生中最糟糕的一天。）她心想，只盼望着这倒霉的一天能够尽快过去。

小时候看童话，不管故事里的主人公前期要经历多少艰难困苦、聚散离合，我们都始终相信，结尾会是"后来，他／她过上了幸福的生活"。但是之后呢？没有人告诉我们。**我们要面对的，是日复一日的消磨，是不断累积的失望，是用一个个梦想的"萝卜"，吊着一口气继续往前走。**

生活太具体、太现实，以至于没有人能够越过中间的任何桥段，直接跳到结尾。

方禾忍着剧痛和委屈，把刚刚被"婉拒"的心血一页页从地上捡起来，告诉自己这些不过是人生中要面临的许多小小困难中的几个，她不可以这么容易就被打败，她一定能走到那个"过上了幸福的生活"的 Happy Ending（美满结局）。

生活不是童话，迈入职场的第一年她就明白这个道理，但现在为什么还是这么想哭呢？或许她还是有片刻相信过童话的存在吧。

方禾从小在海边长大，自她有记忆以来，一共看过288次海。

她记得第274次是因为她创业失败，不得不重新海投简历找

工作，骑车来海边寻找答案。

第186次来海边的那天，她刚埋葬了自己最爱的小狗，一个人坐在海边大哭了一场。

第54次看海的那天，她偷偷亲了她喜欢的男孩，两个人的脸都红红的，不知道是不是因为那天的晚霞格外鲜艳。

那天，一群小伙伴相约而行，而她喜欢的男孩就在其中。她在心里默默地许愿，希望她喜欢的男孩在那一刻也同样喜欢着她。于是她在男孩闭着眼吹海风的时候偷偷吻了他。男孩没有拒绝，轻轻地牵住了她的手。

那一刻她坚信这世界上的童话一定存在，"王子和公主从此幸福地生活在了一起"。她相信那一刻，海风真的听到了她渺小的愿望。所以后来每次来到海边，方禾总会对着那片平静的海许下很多的愿望。

小狗离开的时候，她希望她的小狗可以活过来，那时她已经和初恋分了手，男孩对她的爱意再也没了回音。那一刻她明白了：**原来重要的东西也是会离你而去，重要的人也只能陪你短暂的一程。**

创业失败的那天，她不再抱有期待，期待或许事情还能有转机，工作室兴许不至于倒闭。从坚持着挣扎到不再抱有希望，这段经历终于让她明白：有些事情，并不是努力就能有结果的。曾经"摘花高处赌身轻"的女孩，如今似乎连重新站起来的力气都没有了。

这一次是第288次，她坐在海边的石头上，愣愣地看着远处的海浪不断拍向礁石，又一次次退回去。**海浪层层叠涌，无休止地冲击着彼此，岸边并不是它们的终点，只是一遍遍地被推向前再被温柔地拉回来。**

25岁生日那天，方禾说这才是她的"黄金时代"，她要"抱着草长马发情的伟大真诚去做一切事"，去实现她从年少起就期盼着完成的宏图伟业。

于是她带着她的相机就此出发，从小工作室开始，从只有她和零星的几个朋友开始。

起初并不是那么顺利，鲜有人能欣赏他们的风格，大家觉得她的调色过于幼稚，画面氛围感不够，构图也不够高级。她在一次次的失败和否定中摸索。艺术是件难以说得清的事物，大众约定俗成的审美意识就像一道坚固的围墙，你可以坚持你的独特，但钱包毕竟挂在他人的腰上，而大部分人并不会为了这份"独特"而买单，更遑论去解读和欣赏。

她那时年少而孤傲，对他人的不理解采取了漠视的态度，只

坚持自己对艺术的看法。现在回想起来，可能当时自己的某些坚持也有不对的地方吧，但她还是觉得，不过是因为年轻，也幸好是因为年轻，才能那么"一意孤行"。

很多时候，坚持不一定有结果，坚持本身就是结果。

那份坚持令她在一片热闹的海边找到了自己的答案——那个作品让她终于在业界有了名字，工作室在面临吃散伙饭时重拾了信心，大家决定再搏一搏。

她知道在摄影中找到感觉是一件很艰辛的事。灵感是时运的礼物，但能完成完整的创作离不开日复一日的积累，她能做到的，就是"完成"。成片出来后她望着属于自己的蓝色落下了泪，在这之前，她从未像那一刻那般笃定，她知道人们心里审美的围墙悄然为幸运的她开启了一道小门。她期待又忐忑地向那道门内张望，生怕那只是她的错觉。

也许真的是错觉。

名气来得飞快，退得也利落干净，丝毫不给人反应的余地。工作室好不容易稍有起色，却又被突如其来的疫情打乱了节奏。她有时会一整天坐在窗口，看着窗外。街道上车辆快得像一道洪流，那些闪烁的车灯就是她不安和迷茫的心。

没有一颗年轻的心愿意承认自己不能驾驭生活，方禾也一样。但团队就像曾经她看到过的海上的浮木，在风浪中努力平衡，却几乎没有控制方向的能力。他们坚持了两年，仅剩的热爱和一腔孤勇渐渐被冷漠的现实消耗殆尽。

这次，她几乎一无所有地坐在海边，就像她当初离开时一样。此时的她已经不相信童话，也了解所谓许愿成功不过是两个人各自的早有预谋。爱情不是她许愿来的，小狗不能死而复生，现实更不会在她最幸福快乐的时候定格，成全她的大团圆结局。

励志偶像剧里，主角在受到重击后通常都会触底反弹、绝处逢生，而像自己一样的小人物的命运，通常是被生活打了一巴掌后，还没被扇醒，紧接着就遭到一记重拳，还有可能是组合拳。

"欢迎来到没有童话的成人世界。"她心想。

经历了人生中数不胜数的糟糕日子的其中一天，坏情绪像有毒的液体一样把她灌满，可一切似乎都是她自己造成的——她没有任何理由去责怪别人，可也不想在这样狼狈的时刻责备自己。

所以她去看海，只有坐在海边的时候，心里是平静的。只是坐着，什么也不说，努力让自己放空，被风吹成一块礁石。

她刚用一年的时间还完了所有的债，她相信现在的她也依旧能靠自己过上想要的生活。尽管双腿早已麻木，她还是站了起

来，就像她无数次再站起来那样。

"我可以被这个世界淘汰，但不可以被世界击败。"她轻哼起歌，目光坚定执着。

回家后，方禾把囤了有段时间的衣服拿去洗，将杯子的碎片单独装在另一个塑料袋里并贴上"小心碎玻璃"的标签。灰尘被打扫干净，点上香薰，她收敛起所有情绪，打开电脑开始工作。

成年人不就是连难过都要争分夺秒吗？

负债之后她的社交活动不再像之前那样频繁，只有工作群的消息一不留神就会冲到"99+"。她点开聊天框，默默翻到前面，一条条确认自己是否有错过的工作通知。

她望着桌上那幅曾经最爱的作品，不由得出神 —— 她小时候想在海边建造一个花园，种一片花。

虽然嘴上总是说着自己已不再年轻，但是心里偶尔会有那么一些残留的冲动，像是海风捎来的海浪的低语，挠得她心头痒痒 —— "方禾，快去追寻你的远方。"

"方禾，快出来！"

她猛地从沉思中惊醒，半天才反应过来，这不是幻听，窗外真的有人在呼唤。她打开窗户，探出了头，路灯照亮了一群熟悉的面庞——

"快下来！带上相机！"

楼下，之前工作室的伙伴拿着"仙女棒"，使劲冲她挥着手，脸上洋溢着和之前一样的笑容。

她有些激动，翻箱倒柜了好一阵子才找出有些落了灰的相机，披了衣服就迫不及待地冲下楼。重新捧起相机的那一刻，她好像又一次找回了自我——这么久以来尘封的、极力想让自己忘记的自我。她感到她的心悄悄地被路灯昏黄的光下一支一支亮起来的小小"仙女棒"点亮，而她的孤独在此刻默默消融。

"恭喜方禾重获新生！"

烟花亮起来，像是冰封的夜空中一簇簇盛放的花丛。光影晃动，她用手指框出构图，在伙伴们的祝福声和欢笑声中，她按下记忆的快门。是的，一天很漫长，她无法逃避那些不如意的时刻，但她可以选择留念的内容。

或许也可以选择接下来该走的路。

5

"第289次，我又一次来到海边。

"上一次离开大海，我对自己说，不要再把难过带给它。下一次来，带着已经实现的愿望来。"

方禾凝望着那片海，海浪轻轻拍打着岸边，似乎在诉说着无尽的故事。这次的摄影展以白色为主题，一块块白墙好似巨幕一样斜插进沙土里，白墙上展示着一幅幅摄影作品，无人机从上方往下拍摄，整个展览犹如一朵镶着蓝边的白色玫瑰。

"方禾老师！"

她回头。

"这次作品的主题是什么呢？"

"很久很久以前，有个女孩，在海边建造了一片花园，被海浪毫不留情地吞没了。"

那人听到她说到"很久很久以前"的时候就心领神会地笑了起来。她也笑起来，继续说了下去。

"女孩跋山涉水，几经艰险，一路上结识了不少伙伴。"

方禾看着正在忙碌的伙伴，想起了工作室刚刚成立时，那时候大家的面孔都还青涩，对所谓"摄影的艺术"都有自己的看法，他们常常会因为主题和构图吵得不可开交。

"他们结伴同行，曾经真的找到过适合在海边种植的花种，也真的种出了在海浪中也能美丽绽放的花朵。"

海浪轻轻拍打着岸边，方禾静静地听了一会儿海风的声音。

"可是这种花朵的生命短暂，而他们并不知道。在花朵凋落的时候，没有一个人再次找到种子，所以大海又变回了原来的样子。

"他们试过用贝壳来代替，但贝壳终究不是花。他们一起生活了一段时间，可后来，他们渐渐忘了他们为什么会一起生活，于是他们陆续离开了。

"他们回归了原来的生活，每天过着重复的日子，直到有一天，有人在他们过去的衬衫里，发现了他们曾经种出的花的花瓣。过了这么久，它依然保持鲜活与美丽，宛如夜空中皎洁的月光。

"然后也有人在他们的帽子里、袖子里，还有电脑和咖啡机旁发现了这些花瓣，他们又一次聚在了一起。

"他们再次出发，这次是向着月亮艰难前行，但再次出发的每个人都不一样了 —— 他们有了花瓣的帮助和鼓励，终于在月亮上，看到了一整片花海。"

那人耐心地听方禾说完，或许是听到她一本正经地胡说八道，觉得荒谬和滑稽，没忍住笑，用手指轻轻蹭了蹭鼻子："请

问这是个童话吗？"

方禾笑了："成年人的世界里没有童话。"

因为是大海，所以才会有风浪，有礁石，有未知的风险，当然也会有因海风馈赠而鼓满的船帆，有未知的有趣探险，这才是旅程的珍贵之处。那没有任何风浪的地方，可能只是泥潭。

6

其实那天，我跟方禾约好，请她为我拍一组宣传照，然后在下车前交换了彼此的联系方式。

后来由于我工作忙碌，更因为方禾的工作室越做越好，越来越忙，我们一直没机会约上拍摄。但我们一直保持着联系，看着当初那个提起摄影眼睛会发光的摄影爱好者，如今成了一个小有名气的独立摄影师，我想，这是热爱给她的馈赠，也是努力奖励给她的礼物。**她始终会用温柔的姿态，闯过每一个人生的低谷，开出最灿烂的花。**

成年人的世界里没有童话，但欢迎你们创造属于自己的童话。

爱在乐手唱片里

北上广或许不相信眼泪，但北上广依然相信爱情。也许你不认同一见钟情，但是，当浪漫的相遇突然发生时，希望你能暂时地放下一切，尽情地去拥抱它。如果上天真的在路边给你准备了幸运的糖果，那么，请弯下腰捡起它，轻轻地捧在手中，含进嘴里，让我们珍惜命运馈赠的际遇。

1

c 妹来上海的第一天就迷路了。彼时盛夏，她拖着行李箱，站在一条不知名的街道上，既惶恐又兴奋，像是小朋友第一次来到游乐场。

上海，一座被称为"魔都"的城市。繁华、忙碌、现代、开放，高楼大厦与小巷弄堂比肩而立，成为无数人的梦想之都。它

的确充满了魅力，对于有的人来说是辉煌开始的地方，而对于有的人来说则是无奈的开始。

它看上去光鲜亮丽，但是总有人在这座城市负重前行。

c妹就是其中之一。

3年前，c妹第一次踏上这座城市的土地，就深深被这里的繁华和热闹吸引。这里有最繁华的街市和最昂贵的梦想，她相信，在这里梦想一定能开花。3年后，她顶着重重的黑眼圈，和一群同样行色匆匆的人一起挤地铁上班，顺路随便买个包子凑合一下便是一顿早餐。

3年时间，足够她看清现实与梦想之间那道难以逾越的鸿沟。和电视剧里看到的光鲜亮丽不同，那些光芒只属于对岸，而她，终究没能跨过去。

刚开始的时候，她踌躇满志——自己十年寒窗，换来了一纸文凭，求得了在这座城市的一席之地，以为终于可以大展拳脚。但现在，在上司的一声声责骂中，在上下班挤公交、地铁的早、晚高峰中，在每一次和甲方的无休止的扯皮中，梦想随着汗水，一起蒸发在闷热的车厢中。像温水中的青蛙，她连挣扎的力气都没有了。**曾经的锋芒有多锐利，被磨平时就有多痛苦。**现在的c妹只想着早点加完班，还能赶上最后一班地铁回家。

读大学时，c妹曾无数次憧憬未来在这个城市的美好生活。她爱这个城市的神秘和浪漫，它兼容并包，在无数的挑战与机遇中，公平地给每一个年轻人分配一个做梦的机会以及无限的可能性。年轻人总是心比天高，c妹也不例外，刚出象牙塔的她不会看到绚烂背后那残酷的一面。然而，无数人像她一样，背井离乡来到这里，在大浪淘沙中，又被打了回去。

c妹也在与现实的一次次交锋中败下阵来，躲不过的加班、上涨的房租、越来越贵的物价像无形中的3座大山，压得她喘不过气来。就算工资上涨了，但在房租和物价面前，也只是杯水车薪。交完了房租和水电费，工资基本所剩无几。c妹常吐槽，每个月都在给房东打工，同事露出理解的表情——"都一样，都一样"。她觉得好累，感觉自己像个连轴转的陀螺，根本停不下来。

那是个平平无奇的加班的晚上，发完邮件，关掉电脑，已经是晚上11点，c妹累得头都抬不起来。郁闷的心情在这一刻达到顶点。先是上午被上级劈头盖脸地骂了一顿，下班前又被临时通

知改方案，原因其实大家心知肚明：上级给的方案甲方不满意，上级被领导狠狠痛骂，城门失火，殃及池鱼，今天背锅的自然是层级最低的c妹。上级说的话很难听："公司不养闲人，干不了就早点走。"作为"池鱼"的c妹秉持着"忍一时风平浪静"的原则，想到马上要交的房租，深呼吸了两次，默默退出了领导的办公室。

持续了一个星期的高强度加班，今天的事成为压倒骆驼的最后一根稻草。她越想越觉得异常委屈。像是溺水的人拼命想要抓住点什么，但她抬眼看向四周，目之所及，皆是黑暗。

走出公司大门的那一刻，疲惫和饥饿同时袭来，所幸路边的24小时便利店里依旧亮着灯，收留着每一个深夜里饥肠辘辘的客人。店员向她点点头："还有饭团。"几乎每个加班的深夜，c妹都会来这里，店员已经认识她了。可就在她将手伸向饭团的那一刻，她忽然鬼使神差地转了个方向，迅速地将货架上的几瓶啤酒装进了购物筐。

既然生活过得这么糟糕，明天又是周末，不如一醉方休。

几乎是在赌气。购物袋里的酒瓶碰撞在一起，发出清脆的声音，在这寂静的深夜里显得格外明显。忽然，她听到不远处的地下通道传来断断续续的吉他声。其实这不是她第一次听到，以前下班的时候，她偶尔会遇到一个男孩在这里弹吉他。只是那个时候她总是累得只想快点赶回家休息，从来没有留心过。今天，破天荒地，她想停下来，好好听一听。

木吉他的声音很好听，在寂静的夜里尤其悦耳。男孩低着头默默弹着吉他，低声轻唱着，仿佛形成了结界，隔绝了周遭的一切。那首歌很绵长，细腻的声音中仿佛在诉说着某种难以名状的情绪。c妹听得入迷，一时间陷入了自己的沉思——工作上的不顺心、未来的迷茫，加上白天受的委屈，一时间全部涌上心头，她蓦地就流下了眼泪。

男孩给她递纸巾的时候，她才意识到自己已经不知道哭了多久，连音乐停了都不知道。

男孩没有说话，只是默默递来纸巾，陪在一旁。

"你刚才……弹……弹的曲子是什么啊？"c妹感觉有点尴尬，止住哭声，抽抽搭搭地问道。

"*Loving Strangers*（《亲爱的陌生人》）。"男孩声线清冽。

"很好听。"

"谢谢。"

又是长久的沉默。空荡荡的地下通道里，偶尔经过的下晚班的人看着这两个人，见怪不怪，以为是一对吵架的小情侣。

　　c妹稍微稳定了情绪,随后干脆坐在马路牙子上,开了两瓶啤酒,并顺手递给男孩一瓶,与他碰杯的那一刻,她忽然生出一种"同是天涯沦落人"的感觉。c妹觉得自己的想法好笑,并且没忍住笑出声来。她从小就是一个很乖的女孩子,晚上11点多在地下通道里坐着喝酒、听歌,这可能是她有史以来做得最离谱的事情,更何况还是和一个陌生的男孩子一起喝酒。

　　但她今天就是想这么做。

　　"如果找不到倾诉的对象,你可以说给我听。"男孩话不多,更不知道该如何去安慰这个还在抽噎着的陌生女孩子。话说出口脸已经红了一大半,好在有夜色的遮掩,并不能看清楚,心事也能很好地隐藏。

　　c妹这才抬起头,仔细看了看眼前的人,发现其实他长得挺白净,还很年轻。

　　她冲男孩举了举手中的酒瓶,对着面前这个陌生人,忽然就有了倾诉的欲望:"我今天……"

　　c妹本来只想吐槽吐槽,但是一吐苦水,就停不下来了,边说还边啜泣。以前她从不跟其他人说这些,爸妈听了担心,朋友们也都是在各自努力,时间宝贵。反而面对陌生人,更容易说出口。可能因为萍水相逢,所以才能畅所欲言,毫无顾忌地将隐秘的心事诉说。

嗯，Loving Strangers。

男孩偶尔回复一两句，更多时候是在认真听 c 妹吐槽。

"其实我早就注意到你了，只是每次都着急下班回家，还没认真听你演奏过呢。"c 妹其实早就发现，他晚上在地下通道里演奏不是为了生计，因为他弹奏的时候根本就不会打开琴盒，更不在意有多少人会驻足倾听。他说他只是单纯想演奏，但是一个人在家里弹还不如弹给路边的人听，他觉得，在上海这么大的城市里，总可以结识到真正喜欢音乐的人，喜欢他的音乐创作。

原来真的有人在谈论起自己热爱的事情时，眼里是闪着光的呀。c 妹觉得自己已经逐渐枯竭的灵魂里，也忽然闪了一下光。

见 c 妹不说话，男孩忽然提议："要不要去唱片店？我的秘密基地，有兴趣吗？"

c 妹鬼使神差地答应了。或许是酒精的催化，又或许是埋藏在骨子里许久的叛逆因子在这一刻被激发，c 妹急需做一些看似疯狂的决定，来冲淡今天所有的烦恼和不快。

唱片店就在附近，两个人并肩慢慢走着，一路上聊了很多天马行空的想法。初秋的夜晚，天已经渐渐变凉，路边草丛中偶尔能听到一两声秋虫的鸣叫。小路静谧，几乎没有什么行人，更不

这世界那么多人

会有车辆经过，一阵秋风吹过，c妹一个激灵，酒醒了大半，刚才热血上头的那股劲儿忽然卸了下来。"自己怎么就一时上头，跟着一个陌生人走了呢？"许是看出了c妹的紧张，男孩错身向旁边迈了一步，说："你不用害怕，我不是坏人。我就在这附近上班。"男孩指了一下远处的一座写字楼。或许是被看穿了心思，c妹感到有点羞愧。

"没关系的，不说话也没关系。"男孩宽容地笑了笑。

c妹低下头，和自己的心事较劲。

转过弯，小巷尽头就是那家唱片店。店面不大，但装潢很好看，男孩很熟稔地跟老板打了个招呼，看来应该是经常来店里。男孩问了几张他想要的唱片，老板侧头看了眼身后跟着的c妹，意味深长地看了男孩一眼，随手指了指高出的一排架子，顺便冲c妹轻轻点了点头。

男孩的脸又不经意地红了，赶忙取来唱片，放在唱片机上。轻缓的乐声从老式的唱片机中流泻出来，独特的音质让人有种走进老电影的错觉。c妹第一次听唱片机播放的音乐，乐声悠扬，这难得的放松时刻使她可以暂时将很多烦恼抛到脑后，获得一个喘息的机会。

男孩的音乐品位很好，c妹仔细地听男孩和她分享的每一首歌，认真聆听男孩创作过程中的感悟和背后的故事。两人偶尔低声交谈，分享感受，男孩也被 c 妹脑子中那些奇奇怪怪的想法逗笑。两人不经意间眼神撞到一起，还是会慌张地避开。

c 妹脑海中没来由地浮现出曾经看过的一部电影 ——《爱在黎明破晓前》。电影的情节很简单，讲的是男女主在火车上相遇，愉快地交谈，交换各种对事物的看法。他们下了火车，在维也纳逛了一整夜，最后约定相遇的故事。电影里有一段情节：男女主在试听间里听爱情歌曲，局促的空间里，想看对方，又有些矜持，目光接触的刹那就赶紧躲闪开，那么一段长长的时间，只有音乐声和彼此的心跳声。c 妹觉得自己和男孩就如电影中偶然相遇的男女主，这让她有一种无法言语的开心。偌大的城市里，能遇到一个愿意听她说话、陪她走一段路的人，真的很难得。

一曲听完，男孩忽然说："我给你唱一首歌吧。"

他拿过吉他，开始旁若无人地弹奏起来。仍然是 c 妹从没听过的歌，曲调悠扬，像是在耳边絮语，让人很容易陷入其中。曲罢，他们在沙发上坐下，男孩说："其实，这是我自己写的歌，第一次唱给别人听。"曲调柔和，他的声音也很温柔，像是冬日的暖阳，在这个糟糕的夜晚，穿过她心中的裂隙，在他默默给她递纸巾的那一刻，带给她温暖和光亮。

"希望你可以将看到的天空说给我听。"

其中有这么一句歌词，c妹听着很动容。

每一个人都有自己的故事，他们可能很普通，但是所有不同的经历塑造出来的每一个完整的个体，都是需要被倾听的。就像今天伤心的她，就像在深夜演奏的男孩。

"你饿不饿？你请我听歌，我请你吃夜宵。"或许是不想太快结束今晚的奇妙之旅，c妹主动提议去吃饭。结果周围还开着的只有24小时便利店。他们坐在窗边，吃着热腾腾的泡面和关东煮，看着窗外昏黄的路灯，默契地没有说话。

"虽然只是简简单单的泡面，却有滋有味地感受到了幸福呢。"c妹这样想着，同时也有一瞬间的失落。夜晚是有限的。快乐也是。但这何尝不是一种浪漫呢？在一个夜晚和一个陌生人邂逅，一起走过一段路，分享过一首歌，天亮后又继续回到陌生人的位置，相忘于江湖。

也许不会再见面了吧，但是c妹不在意，以后每次生活不如意的时候，她都能想到这个不寻常的夜晚。有一个男孩将纸巾递给了她，为她唱了一首歌，还有那个深夜依然开着的唱片店，有着可以治愈c妹的事物。

就像歌里唱的："I've got a whole lot of work to do with your heart,

cause it's so busy, mine's not.（我想经常存在于你的心里，因为你的心很忙，我的心却很悠闲。）"

谢谢你，亲爱的陌生人，在我感觉艰难的时刻，告诉我："没关系，你可以暂时逃离，在我这里得到休息。"

每个人都有每个人的道路，他们会以不同的形式相遇、熟悉，或者再次成为陌生人。**但是每一段际遇，都会带给他们坚持下去的决心，或重新上路的勇气。**

"你好呀，又碰到你了。最近怎么样？"c妹站在唱片店门口，望着推门进来的人，将唱片放回货架上。

你要相信，你可以成为光

那个从小相信光的男孩，长大后终于活成了他人眼中的一束光。

$$1$$

不知道你有没有这样的经历：为了一个人或者一件事情特别努力过，努力到想要所有人看到你发光的样子。

我有。

熟悉我的听众都知道，我在创业初期经历过一段很长的迷茫期，那时与我长期并肩作战的合伙人相继退出，而我又因为工作压力过大，长了声带息肉，需要手术，手术前医生告诉我，很有可能无法再继续从事我喜爱的职业了。接二连三的打击让我难以招架，甚至不知道接下来的路该怎么走。

在那段时光里，我的生活仿佛变成了一潭死水，目光所及之处尽是迷茫与无措。我赤手空拳地来到人生的十字路口，而命运的玩笑，却让我不经意间踏上了那条通往幽深死胡同的道路。

难，真难。最艰难的时候想回家，整个人像是一条长时间紧绷的皮筋，没有办法恢复原状，每天都会产生很多负面情绪，复杂地搅在一起，理不出头绪，而未来的不确定性又在刺激着这种情绪不断产生。但，难就不做了吗？当时的我只有一个念头：我不能在这种焦虑的情绪中停留太久，我得把自己打捞起来。想要知道自己行不行，唯一的办法就是再尝试一次——拼尽全力地尝试一次。不过是所有的苦再吃一遍嘛，又不是没有经历过。

好在生活总奖励有梦想并愿意为之付出的人。我的事业再次势如破竹般发展起来。

在后来的很多个日夜里，我都十分感谢当年那个有梦想的自己，那个眼中有光的自己，那个会全力以赴的自己。

记得当时朋友问我："你还要继续吗？"

我回答说："当然。我还没有被彻底打败，所以不会轻易接受失败。"

或许是熬过了最黑暗的那段时间，现在回想起来，似乎……

也没有那么难熬，因为比起失败的痛苦，我更怕自己失去了继续下去的勇气，失去了眼中的光芒。

我欣赏那些眼中有光的人，他们鲜活而生动，永远有目标地活着，就像阿奇。

2

阿奇是和我穿一条开裆裤长大的发小，从小就酷爱奥特曼，对庞大的奥特曼家族的每一位成员的姓名和技能都了然于胸。可能那时候每个小朋友都有一个成为超级英雄的梦想，阿奇也不例外。而作为他的发小，在他热情洋溢的介绍和耳濡目染下，我成功成了一个"相信光"的追光少年。

我们的童年是在老家农村度过的，小时候家里的后院就是我们做梦的舞台。我们经常手里拿着买来的玩具光剑一路"喊打喊杀"，"打斗"得满头大汗、浑身是泥，然后怀揣着拯救世界的梦想，被各自的老爸老妈扛回家，狠狠教育一顿。一顿鬼哭狼嚎后，第二天继续精气神满满地筹划着下一次"战斗"，然后再被扛回家，如此往复。

　　小时候以为这样的日子会很长很长，然后突然有一天，我们需要收拾好行囊，离开家乡。

　　电视机里，超级英雄还在忙着拯救世界，阿奇却收起了"屠龙刀"。少年的热血被中学繁重的课业兜头浇下一盆冷水，中学生阿奇变得沉默寡言，现实中的怪兽变得具体，它们是写不完的成堆的作业，是解不出的几何难题，是成绩单上惨不忍睹的排名，也是父母失落和愤怒的眼神。

　　阿奇倒是始终没有放弃，他与之缠斗，不眠不休。

　　学生时代有学业的压力，毕业后是就业的压力，然后也许还有人生新阶段的未知的压力。**我们在自己都还没有完全了解自己的时候，就被推到了生活的另一边，选择了未被验证的答案。**我们好像很久都没有问过彼此关于"梦想"的问题了。也许是觉得没必要，也许是稍微成长以后，开始觉得还未实现的梦想让人羞于启齿。

　　阿奇说每当想起这个问题，都会觉得很好笑。**什么时候谈论"梦想"成了一件羞于启齿的事呢？梦想本就应该是未来的导航，不适合拿来珍藏。**还是小时候好，什么也不用考虑，拿着玩具刀枪毫无顾忌地玩在一起，赤着脚追逐晚霞，大喊着要"拯救世界"，根本不用顾及别人的眼光。

　　后来，梦想变成了钢琴家、科学家这样听起来更"酷"的职

业，可以骄傲地写进作文里，当着全班同学的面朗诵。再后来，梦想是考上一所好大学，找到一份好工作，买一套房子。**原来我们对梦想也像狗熊掰棒子——一路走，一路丢。**

原来成长的路上，我们丢失了这么多简单纯粹的快乐。

3

阿奇梦想破碎的瞬间是什么时候呢？或许就在他第一次发现自己害怕蟑螂的时候，紧接着是怕黑，怕高，怕突如其来的巨响，怕鬼，他好像在成长的过程中渐渐消化了自己是个胆小鬼这一事实。

而胆小鬼，永远也不可能成为超级英雄。

于是，不知从什么时候起，变身器被我们各自藏起来，见面从一起玩奥特曼大战的游戏变成了讨论作业，再然后是各自手机里的手游，要是人多的话就一起打打牌。**大家慢慢消化着成长过程中的每一个关卡，学着努力地去跟上同龄人的步伐，学着在焦虑中去适应社会给我们的每一个挑战。谁都觉得对方再也不是小时候的模样，聊梦想似乎早已成了件矫情的事，再提及时也只是**

混在酒桌上的插科打诨中，就着杯中酒喝下肚，还能暖一暖那没有凉透的热血。

说来也好笑，小时候崇拜电影里的超级英雄，觉得他们无坚不摧，长大后才发现，他们也有脆弱的时刻，偶尔也打不过所谓反派；小时候盲目崇拜父母，觉得他们说什么是什么，成年后发现，**大人也不是一下子就成为大人的，他们也是摸着石头过河，一步步小心翼翼、战战兢兢，生怕行差踏错，完全没有了当初的豪情。**

还记得我在决定离开郑州去北京创业之前跟阿奇约过一顿饭，那会儿我们其实已经很久没见了。看到在烧烤摊前选菜的阿奇有点驼背，动作小心翼翼，我不禁在心里叹了一口气：要是小时候的我们见到现在的自己，会不会失望呢？

没有拥有能让自己变得超级强大的变身器，没能拯救世界、惩凶除恶，只是成了戴着眼镜，还很社恐，连与陌生人交流都感到压力巨大的普普通通的大人。

我有的时候怀疑阿奇是不是书读多了，在象牙塔里待得太久，整个人都变得了无生气。

彼时阿奇已经是博士，厚重的眼镜片下看不出他眼中是否还有光，岁月带给他最多的便是沉默。眼看着那个小时候大喊着要成为超级英雄的可爱男孩现在变得愈加沉默，曾经充满灵气的眼

睛也失去了往日的光，不知道是因为高度近视还是生活的打磨。慢慢地，我们都变成了平庸、无趣的大人。

成年后的聚会，我们享受着久别重逢的喜悦，也体悟着不曾见面的岁月里那些微妙的改变。大家聊天的内容少了天南海北，多了前途后路，我问他接下来有何打算。

阿奇拿起一根羊肉串，慢条斯理地吃完后才开口："想跟着老师继续把课题做完，接下来的一段时间可能会很忙，因为手头遇到一些比较棘手的案子。"

是的，胆小的阿奇并没有成为他想成为的超级英雄，但他成了一名律师。

在他做出当律师的选择时我是惊讶的，那么内向的一个人，却硬是加入了学校辩论社团，还通过了司法考试。

印象中律师是一个看起来很美，听起来很阔，说起来很烦，做起来很难的职业。表面上有多光鲜亮丽，背后就会有多心酸。阿奇不爱和我们诉苦，小时候喜欢成群结队，长大了却习惯形单影只，单打独斗。不知道这个过程，他是怎样一个人默默熬过来的。

但是阿奇好似从未考虑过这么多，就那么干脆利落地决定了，也不过多解释，一如小时候他说"拯救世界"时那般轻松，然后头也不回地就扎进了"正义世界"，苦苦地熬。

学习法律是真的很辛苦，不仅要啃比山还高的专业书籍，面对实践部分的困难程度也远超常人的想象。他熬过一个个拗口的专业名词，熬过各种常见的案件类型，熬过第一次独立开庭、对接当事人、独立会见，甚至第一次以律师名义申请律师调查令，还有他最不愿意面对却无可避免的败诉。

阿奇还是研究生时在律所实习，跟过一个劳动仲裁案件。当事人是一位60多岁的农民工。还没等到他们开口，对方的情绪就已经崩溃，哭到肝肠寸断，求律师一定要帮他讨回自己的血汗钱。

阿奇说尽管他在学法律前就给自己做过心理建设，以后可能会遇到这样的一幕，但当这一刻真的到来的时候，他还是有些难以承受。

那天的仲裁请求被驳回了，听到消息的当事人心脏病发作，还没等阿奇反应过来，人就倒在了地上。

无力感在那一瞬间击中了他，也是在那一刻，他坚定了要做一名优秀律师的决心。

从那以后，阿奇用在学业上的时间变得更多，既然无法拯救世界，那就先从提升自己开始吧。是的，他的梦想从"拯救世界"变成了保护一个个具体的、微小的个人。

4

后来我来了北京，偶尔会跟阿奇线上聊天，借着调侃他的头发，关注一下他的近况。

2020年初，正在老家过年的我接到阿奇的电话，他说他准备加入律师协会，从一名公益律师做起，接下来的一年他会去往贵州的一个小县城，为当地人提供公益法律援助，让我抽空到他家把他阳台上的那些植物带回去养。此外，阿奇没有再多说任何一句话。

想到不久前还穿着夹克，戴着眼镜，跟我一起坐在烧烤摊撸串喝酒，吐槽生活无趣的阿奇，突然变成西装革履、严谨且正义凛然的模样，我的心中涌起难以描述的情绪。我不懂律师行业，但我明白他前路所要面临的种种困境。"峣峣者易缺，皦皦者易污"，作为他的朋友，我担心阿奇被刁难、被针对。不过，正因为是朋友，我更愿意相信他。他只是把曾经眼中的那道光放进了心里，怀揣着这道光，前路再暗都不会害怕。

阿奇有耐心，什么都能照料得很好，我却没有阿奇那样好的耐心，原本他手下生机勃勃、饱满莹润的绿植，在我这儿没几天就有蔫下来的趋势。

每次浇完水我都要小心翼翼地把那些"祖宗"推到阳光充足的窗台。从玻璃窗向下望去，今天又是个很美好的晴天，楼下没什么小朋友打闹的声音，也很少有车辆经过。

我也曾站在窗前往外看，看着楼层之间被房顶切割的方块状的蓝天，大自然的新鲜空气、各种植物的芬芳，在拂面春风里交融，让人有种岁月静好的错觉。殊不知，那些我们感到安宁的时刻，是无数个像阿奇一样勇敢的人在默默守护。

我年轻的朋友此刻正在距离我2000公里之外的地方努力抗争，他足够优秀，而且意志坚定，他的委托人一定可以放心，很多很多的人都可以放心。因为在这个世界上，每个人都在自己的能力范围内，以各种方式和不公抗争着。即使在一个没有超级英雄存在的故事里，正义也一定会胜利。

我想我永远会为阿奇这样的朋友而骄傲。

在人人都急迫地想要成功的时代里，那些我们曾经赞颂的、美好的品质，在现在也同等重要。虽然人生没有满分答卷，但如果没有它们，一定是不及格的。

阿奇公益援助结束回家的那天，我到机场去接他。在机场与我共同迎接勇士归来的人还有很多，我看到大家的脸上都带有一这世界那么多人

种共同的表情——自豪和欣慰。

一年不见，阿奇瘦了很多，整个人都带着来自贵州的纯粹和朴实。当我看到目光笃定、步伐坚毅的阿奇向我走来，听他兴奋地跟我说"终于回家了"的那一刻，向来崇尚科学的我真的看到了他身后有一束光，比太阳还要耀眼。

那一刻，像是一下子回到了年少时光。那时的我们似乎有着永远耗不尽的肺活量和精力，经常为各种微不足道的小事争吵，然后气喘吁吁地跑回家，一顿晚饭后又和好如初。小时候大家比赛跳远，为了跳得更远而尽可能地拉长助跑时，那种激动得心快要爆炸的感觉，时隔多年，竟然在那一瞬间再一次出现在我的心中。

以前每回回家我们俩都还能有空约出来坐坐，喝喝茶，现如今，距离我们俩上次见面好像也已经过了很久。但至少，无论再怎么忙碌，阿奇都没有再抱怨过工作的压力和生活的无趣。

在这个没有超级英雄的世界里努力奉献光亮的每个人，都值得为自己骄傲。

我的朋友阿奇，不是超级英雄，他只是一个普通人。但是在我眼里，这个某处"隐秘角落"中的人，现在是一群人的希望之光。

在和生活与命运的碰撞战斗中，那个从小相信光的男孩，长大后终于活成了他人眼中的一束光。

Chapter 3

你迟到很多年，但终不负遇见

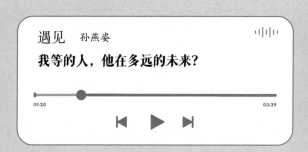

遇见　孙燕姿

我等的人，他在多远的未来？

01:20　　　　　　　　　　　　　　　　　　03:29

爱是永不迟到的春天

后来，我们对失去和告别越来越熟稔，但那些留下来的人，那些仍在坚守的人，却在平凡岁月中，将爱与生活的对白写就一首首短促的情诗。

1

在2017年的夏天，我和团队的其他3名成员从郑州来到北京，开始了从一个人"做梦"变为四个人一起"做梦"的生活。我们在东四环与东五环的交界处租了一套别墅办公。

郊区冷清，周围的商家店铺稀少，日常的饮食起居其实还挺不方便的。在距离我们工作室大概300米的地方才有几家饭馆，我们最常去一家叫作"大西北"的餐厅吃饭。"大西北"名不副实，一点也不大，甚至还有点小，周围的饭馆本来就少，导致经常一到饭点就人满为患。好在我们下班的点总在深夜，大盘鸡、烤鱼、炒面片，再来点烧烤，加上一打北冰洋，就能慰藉几个年轻人空荡荡的胃和饱满的梦想。

有一回中午，我跟团队一起去"大西北"吃面，点了份牛肉拉面。正值饭点，又到了"大西北"最忙碌的时候，传菜员冲着我身后喊道"大面，上个面"。我还在想着传菜员的话是什么暗号吗，就听见一声爽朗的"好嘞"，下一秒，面已经摆在了我的面前。

"趁热吃，不够能免费加一份面。"男生笑呵呵的，转眼又去忙了。

大面是"大西北"的前台，负责收银和开发票，偶尔店里忙不过来的时候，他还得负责上菜。

在我的印象里，大面总是一副憨憨的样子，不管跟他说什么，他永远都好脾气地答应着。在我老家那边形容一个人性格温吞，就说这个人很"面"，也正是如此，大家都喊他"大面"。大面是"大西北"老板的侄子，兰州人，小时候家里穷，长大后子承父业，跟着父亲一起做起了电焊工。

大面性格像父亲，腼腆，不爱说话，两个人在同一个包工头手下工作，经常拿起焊枪、面罩，各自闷头就是干一天的活儿，也不说话。大面跟父亲一起干到了22岁，家里觉得他到了谈婚论嫁的年龄，便找了个媒人，想帮他说个亲。媒人上门问他，喜欢什么样的姑娘，想找个什么样的媳妇儿，大面每次都红着一张脸，支支吾吾，半天说不出话来。

在之前22年的人生中，恋爱和喜欢这件事，大面没想过。他专注于做好手中的活儿，按月领工资，日子如流水，就这么晃到了22岁，所以尚不知什么叫喜欢。

"也许有个人陪着自己，就不会这么孤单了。"大面这么想着。这个想法的确挺诱人的。

媒人动作迅速，立马就给他物色了隔壁村的一个姑娘。姑娘叫美玲，在纺织厂上班，比大面小2岁。

在2015年端午节的前一天，媒人介绍了大面和美玲两人见面。美玲个子小巧，简单地扎着个马尾辫，穿着一条橘色碎花连衣裙和一双白色的凉鞋，跟身高一米八、皮肤黝黑的大面站在一起，对比鲜明。大面嘴笨，在姑娘面前更是不知道该如何开口介绍自己，只是低着头看着地面。倒是美玲，落落大方，眨着一双又黑又亮的眼睛笑着跟他说："要不咱俩逛逛去吧。"

大面的父亲蹲在家门口抽烟，见大面要出门，掐灭烟头，拍了拍手，从口袋里拿出一块手帕，一层一层揭开，里面有10元和5元的纸币，最下面是两张崭新的100元。他抽出那两张红票子塞给大面，叮嘱道："人家闺女要是看上啥了，你主动点去给她买。"

大面推说自己有钱，见父亲坚持，还是从父亲手里接过钱，装进了口袋，用手使劲按了按。

大面带美玲去了镇上的集市，临近端午，街上到处都是卖粽子和五彩绳的。美玲站在摊位前挑五彩绳，他就站在一旁偷偷看美玲。美玲可真好看，一双大眼睛顾盼生辉，阳光照在身上，整个人都生动起来，像是画里面走出来的人，小巧白皙的耳朵在阳光下还透着可爱的粉色。大面看呆了，那一刻，他隐约明白了什么叫心生喜欢。

美玲挑中了一条五彩绳，准备付钱的时候，大面手疾眼快，立即掏钱递给卖五彩绳的大妈。大妈看了二人一眼，满脸笑意，立刻就拒绝了美玲递过来的10元钱，拿了大面的100元，说："妹子，你眼光不错，你对象人不赖呢。"

大妈的话让大面和美玲俱是一愣，随即红了脸，不敢看对方。大面害羞地挠头，转身装作继续挑选手绳，从而掩饰内心的慌乱。美玲则小心翼翼地把挑好的五彩绳戴在手腕上，小声地对大面说了句"谢谢啊"，然后转身匆匆离开了摊位。

大面在原地等着大妈找钱，美玲则在另一个摊位看起了粽子。大妈在收钱包里翻了半天，还差5元钱，正准备去找隔壁摊主换，大面主动开口说："要不我再买个香包吧。"大妈见状赶紧把剩下的钱递给大面，又夸了句"小伙子会疼媳妇儿哟"。大面脸涨得通红，耳根隐隐发烫，他来不及数清钱，便赶紧心慌意乱地走开了。

回去的路上，大面一直犹豫着要怎么把香包送给美玲，倒是美玲，不知道是不是因为戴上了新的五彩绳，一路上心情都很好，还哼着一首大面叫不上来名字的歌，煞是好听，听得大面心底痒痒的，总觉得有什么东西想要往外飞。

2

端午节后，媒人带来了好消息，美玲瞧上了大面，想问问大面的意思。大面一时还没反应过来，母亲急忙拍了儿子一巴掌："问你话呢，到底看没看上人家姑娘啊？"在媒人殷切的注视下，大面这才重重地点了头，表示同意。大面的父亲罕见地露出了笑脸，母亲则赶紧从厨房里拎了半只鸭子塞给媒人，感谢对方给自己儿子找了个好媳妇儿。

就这样，大面和美玲谈起了恋爱，不像电视剧里的刻骨铭心、曲折浪漫，而是像每一对普通的情侣那样，平淡如水地过着每一天。大面每天都会骑着摩托车去美玲工作的纺织厂门口等她下班，美玲坐在大面的摩托车后座上跟他说："你要多笑笑，你笑起来好看。"

夕阳西下，大面在后视镜里看到美玲弯弯的眉眼，觉得她比身后的夕阳、比夏花更温柔好看。

很快就到了大面和美玲两家人商量订婚的日子，这天大面穿了美玲给自己买的白衬衫。这是大面第一次穿衬衫，衣服板板正正地箍在身上，他觉得有点紧绷绷的，不习惯，但是美玲买衣服时，边给他整理衣领边说"好看"，他就开开心心地穿了。

母亲一早就起床，杀鸡宰鹅，早早就给炖上，一家人穿戴整齐，等着美玲一家人的到来。大面更是一上午坐立不安，听到点风吹草动就往门外张望，连平日里沉默寡言的父亲都忍不住吐槽："你稳当点儿。"嘴角却藏不住笑意。

到了晌午，美玲一家终于叩响了大面家的门，大面父亲出来迎接亲家的到来。美玲笑靥如花，看得大面心头暖暖的。两家人都是朴实的农民，一顿饭吃得倒也和气。大面在饭桌上话不多，

只是一个劲儿地给美玲夹菜，美玲面前的碟子就没有空过。美玲的爸妈观察着这个未来的女婿，悄悄递着眼色，表示很满意。两家商量着，很快就定下了订婚日期——正月初六。

大面说他永远都会记得那天，他不仅得到了美玲的认可，也得到了美玲家人的认可，对于他来说，这已经是他22年的人生中，一次难得的成就。

从那天起，大面有了自己的规划：他记得美玲说喜欢城里姑娘那种镜子上带灯的梳妆台，便准备给美玲亲手做一个。

大面做了多年的电焊工，但木工的确不上手。打个梳妆台并不是件容易的事，他在工地上找了个木工老师傅，又照着从网上搜来的图片，一步一步对照着、摸索着，终于给美玲做出了她想要的梳妆台。去接她下班的路上，大面心情极其愉悦，恨不得马上告诉美玲，看到她发现自己为她准备惊喜的那一刻的表情。

然而那天的大面并没有等到美玲从纺织厂出来，他等到的是美玲的同事给他打来的电话："美玲在医院，速来。"

大面骑着摩托车往医院赶，等到医院的时候，美玲孤零零地坐在医院走廊的椅子上，抱着头，默默流着眼泪。

是工友跟大面讲了事情的经过：当天中午，工友喊美玲吃饭，美玲没有反应，只觉得耳朵里嗡嗡作响，还偏头痛，工友赶紧送美玲来了医院。就在那一天，美玲的右耳被医院诊断为神经性耳聋。

看到诊断书的那一刻，美玲的世界崩塌了一角。

3

见大面来了，美玲哭得更加厉害。大面抱着她，给她擦眼泪，比她还难受。

右耳失聪后，美玲的工作也辞了，她整天在家郁郁寡欢。眼看那个曾经笑起来眼睛里好像藏着月亮的女孩，变成如今天天以泪洗面的模样，大面又心疼又难受，但也无能为力。

而就在此时，大面的父母和大面商量，提出让他跟美玲解除婚约的意见，其实准确来说，两人都还没订婚。为人父母，他们也不希望自己的儿子娶一个右耳失聪的媳妇儿回家。

大面理解，却无法接受。心爱的女孩已经在痛苦的泥沼中无法自拔，这个时候分手无异于亲手把她推向深渊，他绝不能这么做。

父母态度坚决，沟通无果，于是他跟他的父母发生了22年以

来的第一次争吵。

大面的父母也没想到，木讷了22年的儿子居然还有这样一面。据理力争变成了顶撞，儿子的固执让老两口无法理解，这么多年来言听计从的儿子坚决反抗，这让老两口更加火大，决心要棒打鸳鸯。大面不听，他的眼里只有美玲。

然而大面还是低估了父母的决心，第二天天没亮，替他和美玲说媒的媒人就已经受了大面父母的委托，瞒着大面去美玲家里退掉了这桩婚事。

美玲自出事以来睡眠质量一直不好，外面发生的一切，即使听不真切，以她的聪慧，也能猜到。缺失了一部分听力，心里某个地方反倒清亮了许多。她平静地接受了这个事实，给大面发了短信："我就不耽误你了，你好好过。"

收到短信的大面像疯了一样跑到美玲家，却被美玲的父母狠狠地拒之门外。他急得团团转，嘴本来就笨的他实在不知道要如何向美玲的父母解释，只能守在门口，一遍遍呼唤着美玲的名字。

西北的冬天，寒风刺骨，大面就这样在美玲的家门口站了一天。他的脸被冷风刺得仿佛要干裂了，双手双脚也早就失去了知觉。最终，那扇门还是没有打开。大面失望地离开了，走时他给美玲发了一条短信："相信我。"

2016 年 1 月 24 日，大面弄丢了教会他笑的女孩。据说那一天兰州的气温非常低，但是大面觉得，所谓寒冬也不过如此。

从美玲家回去后，大面就病了。重感冒加发烧，咳嗽断断续续，一直好不了，咳得厉害的时候还会带起耳鸣。他把自己闷在家里，耳鸣难受的时候，他想着，美玲当初应该也是这么难受吧，要是这些苦都让他一个人受就好了。

那年的冬天真的难挨，大面经常看着窗外白茫茫的雪花，久久地出神，不知道在想些什么。

过年时，在北京开"大西北"饭店的舅舅来拜年，饭桌上讲起在北京开的店有些忙不过来，准备年后再招个人。大面听进心里，给舅舅夹了一筷子菜，问舅舅，他能不能去试试。

舅舅立马拍腿说："好，收银就得是自家人才放心。"大面的爸妈也高兴，难得儿子能主动走出那段阴影，跟着自家人出去闯荡闯荡也好。

就这样，新年一过，大面就收拾好行李，跟着舅舅踏上了北上的火车。这一年大面23岁了，这是他23年来第一次离开兰州。离开前，他又去了美玲家一次，给美玲送去了那个他亲手做的梳妆台，虽然还是没见到美玲，但也算了却了一桩心事。出发前，他给美玲发了一条短信："我去北京了，那里的医生好，我一定会帮你治好，你信我。"

美玲看着大面发来的短信，站在大西北的寒风中，泪流满面。

来北京后的大面大部分时间都待在"大西北"，因为店里经常忙得不可开交，每个月加起来也就一两天的休息时间。

休息时，他学着坐地铁，学着主动跟人交流，学着请教别人，他一直没有放弃，一有时间就到处去拜访，看北京哪里有看神经性耳聋的医院。

2017年的夏天，我成了"大西北"的忠实顾客，认识了大面，听说了他和美玲的故事。

我们听过那么多阴错阳差、悲欢离合的爱情故事，**后来，我们对失去和告别越来越熟稔，但那些留下来的人，那些仍在坚守的人，却在平凡岁月中，将爱与生活的对白写就一首首短促的情诗。**

大面说，来了北京后，他每天都会给美玲发消息，有的时候美玲会回他，换季的时候美玲还会提醒他要加衣服，他知道她的心里也还有他。

他还说，他已经在挂首都某专治神经性耳聋的医院的号了，等着攒够钱就把美玲接过来，他一定要治好美玲，如果治不好，他就一辈子陪着她，反正这辈子，他认准她了。

我想，远在兰州的美玲，一定也跟大面想的一样吧，这辈子，就他了。

2018年冬天来临前，我和我的团队完成了新一轮的融资，我们从郊区的别墅搬进了朝阳大悦城附近的写字楼。都说北京的冬天冷得让人麻木，而我在寒冬中却感到了初春般的暖意，在奔流向前的时间中找到了我来北京的意义。

隔年春暖花开的时候，大面如愿以偿地接美玲来到了北京，开始了第一轮的治疗。不过，因为一些原因，后来我再也没去过"大西北"，也不清楚美玲的治疗效果，但是我知道，大面也找到了他来北京的意义。

祝福他们。

爱是永不迟到的春天。

一生两人，三餐四季

日子就在一茶一饭、一草一木间。"家人闲坐，灯火可亲。"心底有爱，平凡的岁月也能有滋有味。

1

因为工作我要经常出差，每到一个城市，我都会在工作之余随机走进一家餐馆，去品尝当地的特色美食。幸运的话，有时候会选到还不错的餐馆，但同样有很多时候会踩雷。

我很喜欢这种随机性，带着一种前途未卜的忐忑和期待，就像是在一座城市中进行奇妙探险。

小碗夹起一块芙蓉糕塞进嘴里，说："下次你去哪个城市出差，提前跟我说，我给你推荐当地的特色美食和餐厅，省得你到时候踩雷。"说着给我也夹了一块："这可是托朋友买的当地特色，你快尝尝。"

小碗是我的好朋友，一名当之无愧的美食博主。人如其名，因为她热爱美食，人生目标之一便是吃遍不同城市的特色美食。她认为美食绝不只是一顿饭那么简单，她更感兴趣的是美食背后的故事和文化。每一次去探寻美食的经历，都是她和身边人的故事。

小碗在探店的形式还未兴起的时候，已经成为某平台的VIP，经常可以到店里享受霸王餐，甚至和很多家店的老板处成了好朋友。把爱好发展成职业，还交到了一群志同道合的朋友，小碗深以为傲。

小碗虽然是个美食爱好者，但饭量并不大，经常吃一点就饱了，可若是碰到喜欢的食物又总会忍不住点多了，而她又不想浪费，便将多余的分给我们这群朋友，我们经常被投喂。我们时常调侃她：你适合找个饭搭子，能够跟你共同分享美食，这样还能避免食物浪费。

话虽这么说，但能够吃到一起并不是一件容易的事情。

但令我没想到的是，小碗居然真的找到了一个饭搭子，再后来，这个饭搭子申请"调岗"，正式晋升为小碗的男朋友。

　　小碗的男朋友小范，是一个一顿麻辣烫能吃150块钱的"大胃王"。

　　小碗第一次领着他来见我们的时候，朋友调侃说："你俩一'碗'一'饭'，还真是天生一对，天作之合。"两人听到后一愣，随后默契地哈哈大笑。

　　不过也真是如此，小碗和小范的爱情是以美食为媒介开始的。

　　两个人相识于三里屯的一家日料店的试营业活动。作为VIP，小碗收到了平台邀请，让她到店品尝。同样受邀而来的人里，就有小范。

　　因为日料店还没正式开业，店里人手不够，前来试吃的人们只能两两一桌，小碗和小范就是这么被安排到了一起。陌生的两个人相对而坐，小碗正苦恼该说点什么打破僵局时，小范主动打了招呼，缓解了当时的尴尬气氛。

　　小碗这才认真打量起对面的男生 —— 身材微胖，眼睛很大，透露着一股聪明劲儿，说话总是还没开口就先笑起来。谈话间，他顺手给小碗的杯子里加了热水，舒服的温水率先抵达胃里，大脑对对话的反应变得迟钝，胆子自然就大了起来。

　　小范比小碗想象中还要健谈，但热情得恰到好处，不会让人

114

感到厌烦：适时地抛出话题，引导对话走向，也会认真聆听。一顿饭吃下来，小碗对小范的印象非常好，刚开始的尴尬气氛已经完全消除，两个人甚至还加了微信，相约下次有类似活动，再一起来参加。

小碗的朋友中类似于小范这样的存在其实还有很多，那时的她也没想过萍水相逢的人会成为后来在很多个夜晚慰藉她的温暖。

小范在一家专做城市自媒体的 MCN 机构上班，负责一个美食号的运营，打卡城市里的美食新地标就是他的工作内容。小范的粉丝不多，但我后来看了小范写的内容，每一篇都很用心地分析和建议，和他给我的第一印象一样——踏实，真诚。

那天他写完日料店的测评稿以后，给小碗也发了一份，询问小碗有没有修改意见。小碗从头到尾仔细看完，认真提出了自己的建议。等到这篇文章发出来以后，小碗在作者栏上看到了自己和小范的名字并排放在一起，不禁有些心头鹿撞。

评论里还有读者调侃道："小范啥时候给自己找了个女朋友？公费秀恩爱啊！"

小碗看到后隔着屏幕脸红了一下，这样的评论放出来，难道……

 她想给小范发微信消息："为什么把这条评论放出来啊？"

不行，太直白了，删掉。

"哈哈，评论里有人在调侃哦。"

万一他只是没注意呢？

小碗字斟句酌，手指停留在 Enter 键上许久，屏幕明明灭灭，小碗的心也跟着忽明忽暗。最终她还是删掉了文字。

或许只是错觉吧。

从那以后，小范每写完一篇稿都会给小碗看一下，美其名曰"指点"。但不管小碗说什么，他都会在作者栏加上她的名字。小碗并没有提起那条评论，小范也没有主动说什么。直到两人再次在另一个活动中偶遇。

这一次见面，小范比上次更加热络、活泼，跟他同来的还有公司的拍摄组，他兴奋地向大家介绍这位就是经常给他指点稿件的小碗老师。同事们意味深长地笑了笑，调侃道："今天既然饭和碗都到齐了，那就赶紧开饭吧。"

116

　　小碗就这样莫名其妙地加入了他们的"干饭大军"。那天是在一家泰式餐厅吃饭，店里有一份招牌的虾饼，一份只有4个，但是他们有5个人。小范手疾眼快地给小碗夹了一个，小碗惊诧，还是礼貌性地推让了一下。同事们见状若有所思，朝着他不断挤眉弄眼，一副"真有你小子的"的表情。小范不理会同事们投来的玩味的目光，却悄悄红了耳朵。

　　饭桌上，小范很照顾小碗：如果小碗喜欢哪道菜而多夹了两筷子，小范会悄悄把盘子移到她手边；小碗的水杯空了，小范也会第一个注意到并及时添满水。小碗和其他同事不熟悉，小范会在和同事聊天的同时，不经意地给她递话头。他话不多，却总能在合适的时机照顾到小碗的情绪。一顿饭下来，小碗再一次被这个男生的细心和体贴感动到。

　　一顿饭很快吃完了，小碗起身和大家道别，表示要去坐地铁回家，再晚就赶不上了。小范放下刚夹起来的菜，嘴里的饭都还没来得及咽下去就着急表示两人坐的是同一班地铁，正好可以一起走。

　　小碗和同事们都一愣，其中一位同事再也忍不住了，说："人家姑娘还没说坐哪班地铁呢，你小子……"还没等话说完，小碗就拉着小碗往外走，不再理会身后同事们的起哄。

由于时间快来不及了，出了门后两个人一路跑到地铁站，进入车厢里的两人面对面，大口喘着粗气，目光相撞的一瞬间，没有来由地哈哈大笑起来。

深夜的地铁车厢里人依旧不少，加班后的打工人将疲惫的身子甩进车厢，试图寻找一个安放躯体的空位。地铁上，小范一反常态地沉默着。车窗上映着两个人的影子，随着车厢有节奏地律动，忽远又忽近。

一路无言，下车前，小碗忽然掏出一盒饼干，说："我自己做的，谢谢你今晚'特意'送我回家。"说着便跑下地铁。小范一愣：她那么聪明，怎么会不知道呢？

他笑着摇了摇头，下车，走到对面的车厢。

回程的地铁上，他不知道怎么忽然想起那句歌词："爱你的每个瞬间，像飞驰而过的地铁。"

去年9月，小范做的账号进入了瓶颈期，因为现在拍短视频的探店博主太多，形式多样，他的公众号反而没什么人看。

那天小范无意中刷到了一篇关于 city walk（城市漫步）的文章，city walk 如此受欢迎，那何不来一次 city eat（城市探店）？干脆趁着长假将至，来一期其他城市的美食推荐，或许可以启发一些新的灵感。选题会上他提出了这个想法，没想到主编当场通过，让他抓紧时间选好城市，趁早出发。

小范把自己的想法在微信上跟小碗分享了以后，小碗立马表示认可，并当即给他推荐了两个城市——苏州和珠海。

小范十分赞同，又多嘴问了一句她最近有没有什么工作安排，有没有兴趣一起去。

小碗没想到小范会邀请自己一起旅行，在帮小范做攻略的过程中，她早就已经心驰神往，索性就答应了。

小范为此还特地提前一天就请假回家收拾行李，到超市买够了一次性用品，又到药店买了常用药，生怕遗漏了什么。

两个人旅行的第一站是苏州。小碗喜欢温柔的城市，她小时候看电视剧，印象里苏州是小桥流水、粉墙黛瓦的，还有出了名的苏州园林，每一座都像是水墨画一般的存在。

北京到苏州要坐 5 个多小时的高铁，两个人一路上有说有笑，倒没有觉得累。一下车到了酒店以后，小碗才感到身体的疲惫，于是晚饭两个人就在便利店草草应付，并约好第二天下午再

出门。

收拾妥当后，小碗一觉睡到了第二天中午，疲惫缓解后，饥饿的胃最先苏醒，现在她迫不及待地想要吃一碗当地特色的苏式汤面，好好犒劳一下自己。

打电话给小范的时候，他已经收拾妥当。小范昨晚一到酒店就提前做好了攻略，找了一家只有当地人才知道的老字号，据说这家店的汤面更是一绝，以鳝骨、土鸡、蹄髈、猪骨、螺蛳、火腿文火熬制，吊出上好口感，再配以食材慢煨，光听这个过程就足以令人垂涎。

好汤配好面，再配上各色浇头和雅致点心，色香味俱全。

其中浇头之一就是松鼠鳜鱼。在来苏州前，小碗无意中跟小范说起过，她特别爱吃松鼠鳜鱼，小范便记在心上，想着这次来苏州如果有机会的话，要跟当地人学一下松鼠鳜鱼的做法。

为了找这家店，小范颇费了一番功夫。来之前，他也没想到松鼠鳜鱼居然还可以做浇头，好吃的苏式汤面配着松鼠鳜鱼、红烧肥肠等各种浇头，小碗满意得眼睛都笑成了一条缝。

小范坐在对面，看着小碗满足的样子，心里一片暖意。如果说之前对小碗的好感来自初见时的心动，那么经过这么长时间的接触，此刻，他看着眼前因为一碗汤面而开心得手舞足蹈的姑娘，内心已经确定了，他喜欢她。能找到一个可以吃到一起、喝到一起、玩到一起的人，多不容易啊！

两个人白天探店，晚上回到酒店一起写稿，就这样在苏州一共待了3天，逛完了平江路，走过了观前街，吃过了苏州的鲜肉月饼，也尝过了蟹黄面。两个人用脚步丈量着苏州的小巷，填饱胃的同时，心里某个地方似乎也被某种朦胧的情愫占据了。

下一站珠海是小碗上大学时待过的城市。不过，大学毕业后，她再也没有回过珠海，不想这次能有机会回来再在这座装满她青春的城市里走一走。

从苏州到珠海，需要从上海转乘飞机，不巧的是，那天飞机晚点，两个人在机场坐了很久都没有听到起飞的通知。

两个人百无聊赖地坐在候机室里，小碗隐隐地感觉到自己的胃有些痛，应该是老毛病犯了。小碗左手按着胃部，右手在手机上整理着攻略，还在和小范聊接下来的行程。胃部的绞痛翻涌，小碗忍不住轻轻地吸了口凉气。

"不舒服吗？"一旁的小范察觉到了她的情绪。

"胃病犯了，老毛病了。好久没犯过了，没事。"

小范拿过背包，翻来找去，终于找出了急救药包，掏出药，递给她："幸好出门前带了，给，先吃颗达喜，还不舒服的话咱

们就去医院。"

小碗接过药和温水，可能就是在那一刻，她被小范的细心和温柔征服了吧。

接下来的珠海之行，两个心意渐渐明了的人颇有些拉扯之意，是不经意间接触的眼神、碰到的手，是默契地选择了同一家门店，是吃到美食时一起发出的感叹。被掩藏起的心事只等待一个暴露的机会。

小碗带小范去了一家上学时她最爱吃的粥底火锅，乳白透亮的清粥在瓦煲里散发出阵阵清香，一下子就刺激了两个人的味蕾。热气升腾，模糊了两人的视线，心事暗涌，随着锅内煮沸的汤汁起伏，欲说还休。

吃完饭，两人漫步在小碗大学时走过无数次的街道，小碗讲述着大学时的往事，一旁的小范忽然开口："我可以牵你的手吗？"

小碗吓了一跳，转头看到眼前这个眼神清澈的男孩子紧张到额头冒汗，随即笑容绽放，在那条叫作"情侣路"的路口，大方地牵起了他的手。

就这样，一次旅行归来，小碗多了一个男朋友。我们一起聚会的时候，常常调侃他们不愧是"干饭达人"——"饭碗 cp

（情侣）"。

成为小碗男朋友的小范，每天最关心的事便是女朋友的吃。身为美食博主，三时三餐要吃好，这是小范对小碗最基本的照顾，而只要是小碗说想吃的东西，他不管怎样都会立马带她去吃，不管多远，不管多晚。

有时候我一直在想，吃到一起恐怕是这世间最朴素也最接地气的爱情了吧。前段时间重看李安的《饮食男女》，里面有句台词："饭桌上其实是有人间的悲欢离合的。"饮食男女，人之大欲，珍惜平常人生，爱惜食物和日常，平淡如水的日子也会因为有爱而变得余味悠长吧。

其实，日子就在一茶一饭、一草一木间。"家人闲坐，灯火可亲。"只要心底有爱，平凡的岁月也能有滋有味。

生活无须轰轰烈烈，只要可以平淡地分享三时三餐，品尝酸甜苦辣咸，以最简单的方式，给彼此最妥帖的陪伴，也就够了，不是吗？

我们热烈相爱，且永远年轻

我见过很多热恋时把海枯石烂挂在嘴边的小情侣，也见过结婚多年因为一点鸡毛蒜皮的小事就互抽耳光的怨侣，我一直觉得爱情和婚姻，如人饮水，冷暖自知。但我还是会为那些经历了世事无常仍奋力去爱的故事感动。若最初那份炽烈的爱恋能熬成清明的月光，照耀彼此余下的一生，那么何其幸运。

我绕了些路看风景，兜兜转转才发现，在所有流转的景色里，我最喜欢你。

1

前阵子参加了一位长者的婚礼，是我的一位远房叔叔。叔叔今年已经52岁。在一个阳光明媚的春日，叔叔迎娶了他的初恋。

婚礼并不盛大，只请了一些亲戚、朋友。看到我的叔叔把背挺得笔直，穿着熨烫妥帖的西装，挽着他的爱人，我的心中不无感慨。

我尊重每一位相信爱情的人追求爱情，也理解保持单身的人享受自由，但是对这种寻寻觅觅，重逢后依旧觉得非你不可的笃定，就算再过30年，我依旧会为此心生感动。

年少时的心动像是成长发育过程中必须经历的过程，随着时间的推移，爱人变成家人，浪漫褪去，只剩下生活中的柴米油盐，我们真的还可以继续保持当年牵个手就满脸通红，接个吻就心跳加速的心动吗？

更何况，兜兜转转还是同一个人，所以我既感动，又有点羡慕，羡慕他们这么多年后，在人生的后半程还能相遇。

叔叔与婶婶的第一次相遇是在他们的17岁。

当年能够从初中考入师专的学生，一个村几年可能也就出一个，因为师专毕业后包分配，相当于有了"铁饭碗"，国家又有相应的优惠政策，所以对于那个时代的农村学生来说，考上师专

无疑就是他们在读书时最大的奋斗目标，而我那位叔叔便是他们村第一个通过中考考上师专的学生。

叔叔的家庭条件一般，他的父亲当年是生产队队长，能比一般家庭多赚几个工分，但家里还有5个孩子，那几个工分连保障家人的基本温饱都够呛。上学读书？那是填饱肚子后的奢望。

但叔叔作为家里唯一的男孩，也是最小的孩子，从小就得到万分的宠爱和期待。

叔叔的父亲从小到大对他说得最多的一句话就是：这个家所有人都在为了你付出，你要争气。

叔叔也的确争气，从上学开始，一直都是班上的佼佼者。他深知自己背负了整个家庭的希望，所以始终憋着一股劲儿，希望靠自己的力量走出这个小村子，去外面更大的世界看看，也让家里人过上好日子。

当时农村的教育条件和师资力量相对落后，好多老师讲课还会用方言，更遑论英语教学了，英语老师的口语几乎都带着浓重的乡音，所以在所有学科里，叔叔的英语成绩是最差的。

在那个物资匮乏的年代，没有录音磁带，没有课外辅导，整个初三，叔叔的大部分时间都花在了提升自己的英语成绩上。叔叔的学校距离家大概有5里路，每天早上，叔叔总是天还没亮就要起床，步行上学，风雨无阻。路上他总是一边走路，一边一个字母一个字母地拼写、记忆英文单词。记忆中，那条乡间小路上，总能看到一个少年，踩着蒙蒙晨色走来，口中念念有词，一步一步，一句一句，走得踏实稳定。

周末回家，虽然4个姐姐分担了家里大部分的农活，但他还是会主动承担一些，比如去山上放羊。叔叔十分享受这份劳动，坐在山头，感受着山间的风迎面吹来，这可以让他短暂地忘记背负在身上的压力。

那时候生产队的人经常能够看到他对着羊群说一些听不懂的话，羊能回应他的只是"咩咩咩"的叫声。这幅"对羊谈心"的画面倒是成了一道独特的风景。

终于，叔叔在一片暑气中走进了中考考场。正值麦收繁忙的时节，家中的人忙得不可开交，几乎无暇顾及叔叔的考试。然而，父亲却还是特地早起，悄悄地溜进他的房间，从怀里掏出两个鸡蛋塞给他，让他路上吃。

于是叔叔怀揣着这两个鸡蛋，激动又忐忑地走进了考场。

当生产队的麦子收割完毕，金黄的小麦秆铺满家家户户的门口时，生产队敲锣打鼓地带着喜报上了门，说叔叔以全县第86名的成绩被市师专学校录取，成为生产队的第一个师专生。这般隆

重，自是值得。

生产队难得有这样的喜庆事，于是乡亲们都赶来凑热闹，说
"恭喜恭喜""沾沾喜气"的邻居一时间挤满了叔叔家的客厅。那
天叔叔站在客厅中间，手足无措地接受着乡邻的祝贺，仿佛这一
切美好得如同梦境一般，让他不禁有些恍惚。

那是叔叔第一次感受到成功的滋味，人前无法分享的喜悦和
背后无人可知的苦楚交织在一起，暂时稀释了曾经漫长且艰苦的
过程，只剩下眩晕的感觉。

3

就这样，17岁的叔叔踏入了他梦寐以求的师专学校，也是在那
里，他认识了他的初恋——那个兜兜转转大半生才走到一起的人。

新生报到的那天，叔叔提着大包小包的行李穿梭在陌生的校
园，忽然被人轻拍了下肩膀，一回头，就看见一个漂亮的女生，
手里拿着录取通知书，满脸焦急的样子。这便是他和婶婶的第一
次相遇。婶婶的方向感极差，在陌生的校园里转了好久，却始终
没有找到报到的地点。当她瞥见背着行李的叔叔时，笃定他也是

新生，顿时犹如抓住了一根救命稻草，满怀期待地向叔叔走来，希望叔叔能与她同行。

婶婶是在市里长大的，穿着打扮在当时也算时髦。一袭浅蓝色的雪纺连衣裙，头上戴着同色系的发箍，将一头黑色且柔软的头发拢在肩侧，露出光洁的额头，高挺的鼻梁上有几颗不太明显的雀斑，一双温柔的眼睛看向叔叔的那一刻，他大脑里一片空白，几乎是下意识地点了点头。那一刻他注意到婶婶脸上露出了明媚的笑意，比他坐在山间时见过的太阳还要灿烂。满园夕光，忽然凝在一处，令人怔然。

那时候叔叔不知道有个词叫"一眼万年"，有一种心动叫"一见钟情"，他只知道，眼前这个姑娘还挺……与众不同的。

一路上，一直是婶婶在找话题，叔叔偶尔红着脸回一句。不说话时，两人就并肩走着，叔叔仿佛清晰地听到了自己的心跳声，大得惊人。

叔叔以前没有住过校，更没有跟7个男生住过一个房间，加上性格内敛，根本不知道该怎么和室友打招呼。好在男生们很容易就会因为一个共同话题打成一片。晚上寝室熄灯后，男生宿舍里讨论得最多的永远都是女生，睡在叔叔下铺的室友先提了一句："你们知道我们班有个叫雍梅的女生吗？我今天去水房打水

的时候看到了她，长得可真漂亮啊！想追。"

雍梅，就是婶婶的名字，叔叔也是在报到处听她跟老师说话才知道的。

"雍正"的"雍"，"梅花"的"梅"。

名如其人，一如初见时她给他的感觉，端庄又温柔。

听到室友提到雍梅的名字，叔叔的心咯噔了一下。在他的认知里，男女之情应该是隐晦的，怎么有人能这么直接地表达爱意？换作他，怎么也不可能有这样的勇气。

那一晚，叔叔躺在床上，翻来覆去地睡不着，不知道是因为陌生的环境，还是那个无意间闯进心里的名字。

师专学校的生活改变了叔叔很多。

向来沉默寡言的他，大部分的时间都用在了看书和自习上，他深知自己与其他市里同学的差距，起跑线已经落后，他只能奋起直追。

那时候的师专生会有补助，每个月学校都会发34斤的饭票和菜票，给很多从农村来上学的学生提供了物质保障。叔叔每个月回家一次，每次回家父亲都会给他30块钱的生活费，在当时算不上少，也算不上多，但对于一个平时没有娱乐生活的师专学生来讲，完全够他的日常开支。即便如此，叔叔仍省吃俭用，这自小养成的习惯似乎已经刻进了骨子里。

而叔叔除了开学第一天跟雍梅说过一次话，后来再也没有多余的机会与她接触。只有晚上熄灯了以后，才能够从室友的聊天中得知一些她的消息。

比如，雍梅家离学校就两条街；比如，雍梅的父亲在银行工作；比如，雍梅是班上年纪最小的学生；再比如，雍梅好像一朵高岭之花，不管是哪个男生找她搭话，她一概都不理会。

听到这里，叔叔在黑暗里放松了紧绷的神经，他也说不清原因。叔叔从来没有参与过他们的聊天，他难过于自己只能从旁人口中去了解她的生活，但又期盼着他们能多讲一些，好从那些只言片语中，一点一点地，拼凑出那天他没敢抬头看清的轮廓，然后在只有星星的夜里，一遍遍复习，最后化作午夜梦回时怅然若失的叹息。

他知道，她是那么遥不可及。

早上5点，叔叔照例起床晨跑，这是他上师专学校后养成的习惯——每天早上起床跑1万米，跑到6点，正好赶上食堂的第

一锅馒头出笼。

那天跑完步，叔叔一个人往食堂走去，直到打完饭，他才发现自己早上起床时换了一条新的裤子，而饭票在昨天的裤子口袋里，没有拿出来。正当他尴尬得不知道要如何跟打饭的阿姨解释时，忽然有人递来一张饭票。

"怎么，不认识我啦？"雍梅笑盈盈地看着他。

叔叔挠了挠头，正要推辞，雍梅开口道："就当答谢开学那天你的帮助啦。对了，你经常起这么早吗？"雍梅不动声色地岔开了话题。

雍梅要了两个包子、一碗稀饭，见叔叔只要了两个馒头，雍梅不动声色地又买了两个肉包、一碗稀饭。

叔叔尚未反应过来，食堂阿姨已经将包子和稀饭打好递了过来，叔叔一时竟不知道要不要接，尴尬地愣在原地。

雍梅见状，催促他赶紧接过早饭，然后率先找了桌子坐下，叔叔只能跟着她一起坐下，这才想起来要跟她道谢，并表示明天自己会把饭票带来还给她。

雍梅咬了一口包子，细细地嚼完咽下去才回他："客气什么，不用还了，我每个月都吃不完的，你给我也是浪费了。我家离得近，周末都回家吃，你以后如果饭票不够用就跟我说。"

　　叔叔从未想过，前一天晚上还在梦中出现的人，此刻就真的跟自己坐在一张桌子上热络地交谈着。他的大脑暂时和肠胃一样，空空如也。

　　"对了，你们男生的饭量不都很大吗？你怎么就吃这点儿？馒头一点味儿都没有，亏你也咽得下去。"雍梅说话时还带着少女的娇嗔。她家境优渥，肯定无法理解，对于一个农村孩子来说，能有热腾腾的馒头吃，已经是一种莫大的幸福。

　　叔叔后来回忆，说那天他特别紧张，喝稀饭的时候都不敢发出声音。一顿简单的早餐，吃完不过十来分钟的时间，他却觉得漫长得好像经历了一个世纪，而如果可以的话，他还想再经历一个世纪。

　　两个人吃完饭，雍梅问叔叔是回宿舍还是去教室，叔叔回复去教室，她歪着头想了想，说："那我跟你一起吧。"

　　"那我跟你一起吧。"这是叔叔后来听雍梅讲得最多的一句话，也是后来他对她念念不忘的原因。

　　从那天起，叔叔总能在食堂碰到雍梅，她解释说自己不喜欢人多的地方，所以赶早来吃饭。但是为何之前从未见过她？叔叔心生疑问，却没有问出口。

　　雍梅喜欢吃青菜馅的包子，每回去食堂都点，但只要叔叔

在，她都会多点两个肉包子，然后借口吃饱了，让叔叔帮她吃剩下的肉包子。

叔叔虽有些迟钝，但是不傻，他知道雍梅是故意的，她小心翼翼地用她的方式守护了一个男孩的自尊。也多亏有她，叔叔那一年的身高罕见地又蹿了蹿，突破了一米七五。

叔叔本身眉目清秀，身高拔起来以后，也受到了一些女生的关注。某天课间，他发现书里夹了一张纸条，一位自称是他隔壁班的女生约他周末一起去滑旱冰。

叔叔看完纸条，第一反应是心虚地看了一眼雍梅，见她正趴在座位上跟同桌说话，完全没有注意到自己，才将纸条揉作一团，塞进了口袋，假装什么事都没有发生。他不知道为什么要这样做，本来两人也不是情侣，但就是下意识地不想让她看到。后来想想，那可能就是他在意她的开始。

很快到了叔叔在师专学校的第一个元旦，学校传统，每年元旦前一天都会组织全校学生参加越野比赛。从学校出发，跑到附近的一个村子上再返回，全程正好10公里。

对于平时不运动的学生来说，这简直是一场灾难。好在学校考虑到这点，允许一些体能不好的同学留下做好后勤服务。雍梅就是服务大队中的一员。在叔叔准备出发去比赛时，也不知道她从哪儿弄了个水壶非要让他带上。叔叔觉得有些碍事，但想来无法说出拒绝她的话，真就挂着水壶出发了。

那次越野比赛，学校一共有600多人参加，很多人跑到一半就坚持不住，中途撤场，而每天坚持晨跑的叔叔轻轻松松就跑了个第3名。

冲到终点的那一刻，他觉得痛快极了，除了寒风吹过来时有些口干舌燥。也是这阵风的提醒，他才意识到自己身上还背着雍梅塞给他的水壶，他赶紧拧开，灌了一口，顿时一股呛人的味道袭来——是姜汤。水壶跟着他在户外待了那么久，里面的姜汤早就已经不热了，但他还是喝了两口。

这个举动正好被前来找他的雍梅看到，她急忙抢过水壶，嗔怪道："这是给你路上喝的，你倒好，凉了才喝，也不怕拉肚子，早知道我就不给你带了。"说着就要拉着他去班里找热姜汤喝。

班上除了几个女同学以外，还没有人回来，她们热情地给叔叔打姜汤。在一群年轻女孩的注视下，叔叔红着脸喝完了好几碗热腾腾的姜汤，并没有注意到一旁的雍梅情绪有些失落。

那次越野比赛后，叔叔的名字在女生中被提起的频率也越来越高，然而他独来独往惯了，对这些事毫不在意。

元旦后，在师专的第一学期即将结束，叔叔拿到了全班第一

的好成绩和奖学金。

放假前最后一个早上，晨跑后他再一次在食堂碰到了雍梅，她穿着一件白色的棉袄，应该是刚到食堂，脸颊被冻得通红。她依旧吃的是青菜馅的包子，吃完后又跑到窗口要了5个肉包塞给叔叔，让他回家路上吃，并提前祝他新年快乐。说完后雍梅就跑走了。

其实那天，叔叔用奖学金给雍梅买了一份礼物，是之前她提起过的杜拉斯的小说《情人》。叔叔平时不怎么看小说，却记住了她偶然提过的喜好。叔叔看着最终没能送出去的礼物，心想：来日方长。

这句提前15天的"新年快乐"祝福，来得有点早，却温暖了叔叔回家的路。

5

那年寒假，叔叔的大姐嫁到了隔壁村，家里到处洋溢着喜庆和热闹的氛围。看到大姐戴着红色的头花跟姐夫站在一起敬酒的样子，叔叔不知怎么就想到了雍梅。

如果可以，一定得是个春光晴好、鸿雁高飞的日子，他牵着她的手，将她迎进门，然后跟她一起携手走过很多个春夏秋冬。

他被自己的这个想法吓了一跳，叔叔第一次为自己的出身感到难过。

在新的一年的秋天，叔叔将迎来自己的18周岁，不过先到来的是新学期。

叔叔恢复了晨跑的习惯，也再次在食堂"偶遇"雍梅。雍梅见到叔叔，直接从怀里掏出一个饭盒，跟叔叔分享从家里带来的小菜。小菜是用胡萝卜、黄豆一起腌渍的，酸甜爽口，配上包子和稀饭，两个人吃得都很满足。

叔叔第一次主动提起话头，他问雍梅假期生活如何，有没有发生什么有趣的事。雍梅很开心叔叔主动跟她聊天，于是滔滔不绝地讲起自己过年收了多少压岁钱，磕了多少个头，讲完后还不忘问问叔叔。

叔叔想了想，跟她分享了大姐结婚时的场景。雍梅听得入迷，不禁感叹："大姐那天一定很漂亮吧！"

说这句话的时候，她的眼睛亮亮的，带着几分憧憬。听她也称呼自己的姐姐为"大姐"，叔叔条件反射般回了一句："很漂亮。"不知是说大姐还是眼前人。

新年后叔叔的下铺室友用压岁钱买了一台音响，拎来宿舍，据说花了300多块钱，这在当时绝对是一笔巨款。宿舍其他人都没有见过这稀罕玩意儿，8个男生窝在宿舍抱着音响听歌，从小虎队到张国荣，怎么听都觉得听不够。

在别人都哼唱着"把你的心我的心串一串"的时候，叔叔最喜欢的是一首老歌——陈百强的《偏偏喜欢你》。

每次听这首歌他都会想起第一次见雍梅时的情景，一种不可名状的欢悦便会爬上心头。这世界上有那么多人，个体之间有着微妙的差异，只有她，是他的偏偏喜欢。

他与雍梅始终保持着一种不远不近的距离。

她每天在食堂等他一起吃早饭，他每天在傍晚帮她去开水房打开水。

她依旧打吃不完的肉包子，他也绝不主动戳破她的小心思。

后来雍梅不知道从哪里知道了叔叔的生日，在他18岁生日的那天神神秘秘地递给他一个袋子，还要求他回去后再拆开。

叔叔拿着袋子回到宿舍，小心地拆开外面的包装，里面是一件黑色的高领毛衣。他呆愣了片刻，在室友的催促下才换上——按他的尺寸织的，刚好合身。

在那个年代，女生对男生表露爱意的方式不多，织毛衣是最为普遍的一种。

叔叔轻轻抚摸着身上的毛衣，在一针一线里解读她没有说出口的情话。

对于雍梅，叔叔从来都是小心翼翼地收好自己的这份心意，不敢奢求她的喜欢。她是一个在云端的人啊，是自己踮起脚也够不到的人。但是现在他确定了，也认定了，他要好好珍惜雍梅这份真挚的心意，并要尽自己所能去保护好、爱护好她。

确定了心意的两个人，生活里突然多了很多事：叔叔陪着雍梅一起去烫过头，两个人一起在学校附近的溜冰场学会了溜冰，雍梅也不再在食堂踩点和叔叔"偶遇"，而是在操场边看着他跑步。

在一个大雪飘扬的冬天，刚下晚自习的两个人走在回宿舍的路上。雍梅埋怨着天气太冷，说话间还哈了哈手。当时也不知道哪里来的勇气，叔叔第一次牵了她的手。

他手心的温度很快就焐热了雍梅的手，同样热的还有她的脸颊，迅速飞上了两朵红云。

这段单纯又美好的恋爱持续了三年半，在毕业前，学校的毕业分配结果早就发到了大家手上。

学校有规定，参与分配的学生全部要到农村学校教书。叔叔

成绩优异，早已被家乡的学校抢着要走了；而雍梅，从小就在市
里长大，家境优渥，父母根本不能接受女儿去农村教书，准备安
排她去自己父亲工作的银行上班。

父母强势，雍梅连反抗的余地都没有，就这样，两个人开始
了异地恋。

那个时候的异地恋不比现在，有手机和网络，天南海北，想
念彼此的时候随时能视频通话，他们只能通过书信寄托相思。在
等待中，这份情谊翻山越岭，更显珍贵。

叔叔每周都会给雍梅写信，他每周也会收到雍梅寄来的信，
两个人约好一个月见一次。这样的异地恋持续了一年多。两地书
信攒了厚厚的一沓，白纸黑字，都是他们深爱的证据。

虽然路途遥远，两个人一年也见不了几次面，但是他们的感
情一直很好，从未吵过架。

每回见面的时候，雍梅总会给叔叔准备一些礼物，换季时的
围巾和毛衣自不必说，叔叔的第一件衬衫、第一双皮鞋、第一身
西服，全部来自雍梅。而雍梅却从来不让叔叔花钱，让他把工资
攒着，"留着结婚用"。

这句话就像是一句承诺，让叔叔对两个人的未来有了更多的
信心与向往。

雍梅主动提出说等再过年的时候，就带叔叔回家见她的父母；雍梅还说，让叔叔一定要好好努力，她这辈子只会嫁给他一个人，她认定的，最好的人。

叔叔带着这份信任和期盼，等了一天又一天。可不知为何，叔叔突然就收不到雍梅的信了，已经连续两周了，这让他不免有些着急，接下来是第3周、第4周，雍梅还是没有来信。叔叔心里的不安越来越重，他利用周末直接去了雍梅工作的地点，才知道雍梅已经一个月没来上班了，问了原因，同事也都支支吾吾地不肯说清楚。

叔叔又去了雍梅家，看到她家门上贴着封条，这才意识到她家里出事了。

数九寒天，他一路跑回师专学校，找到了当初的班主任，打听她家里的消息，才知道就在一个月前，雍梅的父亲被人举报利用职权安排自己女儿到单位上班，违反了招工制度，同时还有贪污受贿的行为，目前已经被抓了。

那天，叔叔就那样站在冰天雪地里，仿佛冰雪在一瞬间浇筑进他的身体，他不能动了，大脑里一片空白。白色的封条像是一道符咒，他还未曾被邀请进入，就被宣判出局。这个消息冲击力太大，在他20来年的人生里，从没有像现在这样，震惊、无措、

惊慌、着急，各种情绪一齐涌来，他被打了一个措手不及。

班主任劝他赶紧回去，跟雍梅断清关系，否则以后说不定会影响到他。

叔叔失魂落魄地回了家，脑海里一直回忆着一个月前雍梅跟他说，等她回去跟她父母说他俩的事，下次带他回去时的场景。

不过短短一个月，怎么一切都变了？

叔叔不敢让家人知道自己和雍梅的事，每天只能装作什么事都没发生的样子，私下里却到处托人打听雍梅的消息。然而不管找谁，都说不知道。

他每个月都要去市里一趟，到雍梅家看看，想着或许一切都是个误会，雍梅一家又回来了。

然而紧闭的大门一点点蚕食掉他的希望。她仿佛一夜之间人间蒸发了，如果不是那些书信真实存在，白纸黑字印证着他们曾经的时光，他真的不敢相信。看着他们来往的书信，想着他们曾经的过往，仿佛黄粱一梦般，叔叔怎么也不愿意醒来。

他不会忘记，只是将书信连同过去的记忆一同收拾好封进了壁橱。

很快，又一年过去了。

叔叔教学能力突出，从小学调入了初中任教。站在他曾经坐

142

过的教室里，看着讲台下的学生，他回忆起当年的自己。

那时候自己只知道读书，要考进师专，却不承想在人生的拐角，雍梅突然闯入，更想不到有一天自己会失去她。

叔叔25岁那年，他带的第一届学生参加中考。也是在那一年，好像突然之间到了一个节点，来为他说媒的人几乎踏破他家的门槛。在农村，25岁还没有结婚的不多，但叔叔却置若罔闻。

眼看着二姐、三姐、四姐慢慢都出嫁了，曾经热闹的家里只剩下他和父母，父母整天唉声叹气，劝他赶紧结婚。他每次都不说话，只是在说亲的人下一次来时躲起来，固执地坚守着，虽然他知道，自己的这份坚守恐怕永远都没有尽头。

他将漫长的时间交付于等待与思念，在四下无人的夜里，一遍又一遍地翻看那些信件，如溺水之人抱住唯一的浮木。时间一直在向前走，可一低头，全是过去的影子。

他打心眼里相信，雍梅会回来的，她说过，这辈子只会嫁他一个人，他又怎能先背弃诺言娶了别人？

谁也没有想到，叔叔这一等，就从青年等到了中年，从青丝等到了白发，等到父母都已经心灰意冷，他还是不肯松口。

他做了一辈子的好学生、好儿子，只有在婚姻这件事上，他违背了父母的期望，因为他想为了雍梅做一次好丈夫，即使他已

失去她的消息近30年。

在这些年里，叔叔参加过几次同学聚会，每次聚会他都会和同学打听雍梅的消息，而雍梅却依旧杳无音信。

后来，他只剩坚持，好像这是他还能为雍梅做的唯一的事。他想向18岁的自己讨一点幸运和勇气，来支撑自己继续走下去。

6

直到去年，叔叔曾经的班主任忽然来电话说，雍梅回来了。隔着近30年的漫长时光，他仿佛又听到了那颗心脏重新跳动的声音。

雍梅回来了，带着她爸爸的骨灰。当年她父亲出事后，母亲带着她去了云南。雍梅多次想要给叔叔写信，都被她的母亲阻止。

没有什么理由，高傲了一辈子的母亲接受不了这么大的打击，她想跟过去的一切断得干干净净，这样才能假装一切都未发生，才能屏蔽外人的猜测，不用去在意别人看他们的眼光。

母亲甚至给雍梅改了名字，用了她的姓 —— 杜，因为雍这个姓太少见，她不想再让任何人知道她的过去，所以现在雍梅叫杜梅。

杜梅这些年一直在云南，她也是一名老师，在一所中学教语文。

刚开始到云南的时候，她是极度抗拒的，听不懂的方言，不习惯的饮食，最难熬的还是对叔叔的想念。

第1年的时候她想：他还在找自己吗？

第2年的时候她想：他应该放弃了吧。

第3年的时候她想：或许他已经成家了。

到了第5年，她已经不敢再想，她的人生仿佛被剪去了一块，剩下一大片的空白。

就这样过了很多年，她的父亲出狱后来云南跟她和母亲团聚，她流着泪问他们："还能回去吗？还能回家吗？"

母亲毅然决然地告诉她，家人在哪里，家就在哪里，这儿就是他们的家。这下彻底断了杜梅的念想。

直到去年，她父亲确诊了胃癌。癌细胞扩散得厉害，她父亲还不愿意做手术，说是一把年纪了，不想再熬了，叶落归根，如果可以的话，他想回家。

父亲咽气的那一刻，杜梅哭到昏厥，她用了很大的勇气才订

了那张回来的机票，带着父亲的遗愿，踏上了离别了近30年的故土。

昔日恋人的重逢，并没有想象中哭天抢地的场景。两个人只是隔着不远的距离看着彼此，似乎想在每一条皱纹、每一根白发间，寻找昔日的影子。岁月平等地滑过他们，虽然人已经老去，但泛红的脸颊和耳朵似乎永远不会衰老、不会说谎。

曾经的她是远在天边的星辰，照耀着他的年少时光，而经过了这么多年，这颗星终于降落到他身旁。

他轻轻地唤着她曾经的名字。这一声呼唤，让杜梅瞬间泪流满面。

以前常常听别人说，爱是恋人的长生不老药，只要爱意不死，恋人永远年轻。

我想，那一刻的叔叔和婶婶，在彼此眼里还是年轻的模样吧。

就在今年的春天，我的叔叔终于如愿以偿地娶到了他的初恋。跨过漫长的岁月，这份等待与思念终于等来了开花结果的时刻，尽管青丝已成白发，但往后余生，皆成所愿。

后来听婶婶跟我说，其实她第一次见到叔叔时，就觉得这个拎着大包小包来上学的男生很有意思，虽然他穿的衣服、鞋子都能看得出来是旧的，但干净整洁，走路的时候背挺得很直，目视前方，一点都不像一个刚到学校，对一切都畏首畏尾的新生。

最重要的是，她跟他说话时，他明明很紧张，却佯装镇定的样子，真的很有趣。

听说他有每天早上晨跑的习惯，她就在食堂蹲了他好久，直到那次他忘了带饭票，才给了她上前主动跟他说话的机会。

婶婶还说，这些啊，叔叔可能这辈子都不知道，她的爱意来得跟他一样，不晚不早，刚刚好。

岁月的可怕之处不是衰老，而是遗忘。一个简短的故事跨越数十年，勾勒出人的一生。愿我们这一生都能遇见一次这样的爱情，让我们热烈相爱，且永远年轻。

孤独句号

这世界那么多人，彼此相遇、分离，都不稀奇。但总有一个人，能在茫茫人群中看到你，向你走来。从询问你的名字开始，然后，有了一切。

大笨是我见过的最奇怪的人。

2018年的夏天，我终于把程一电台搬进了写字楼里。收拾好工作室，正式开张那天，我和小伙伴一起拜访了周围的邻居，也是在这个时候，我认识了大笨——一个据说可以用一双手创造一个世界的木匠。大笨也有个工作室，就开在我们写字楼下。

见过作家开书店，厨子开饭店，但木匠开店实属少见，这更加深了我对这个木匠的好奇。在参观之后，我的直觉告诉我，这个手艺人身上一定有很多故事，于是我总想找借口去一探究竟。作为"抬头不见低头见"的邻居，我自然近水楼台。

大笨，人如其名。乍看上去憨憨的，感觉像是村上春树的作品《挪威的森林》里写的"春天的熊"，话少，见人先笑，等对方开口了他才会接话，不会过度热情，也不过分冷漠，但打完招呼后又会迅速回到他自己的世界。

本以为大笨的工作室是类似于全屋定制的那种家装店，可以根据自己的喜好，到他的店里选一些办公桌椅，没想到大笨的店居然是个"木制精品店"。大笨的店里陈设的家具非常有他自己的风格，那就是"奇怪"。

或许也可以理解为"与众不同"。的确，与众不同对于大多数普通人来说并不是什么好事，当然，如果是特殊的天赋，那就另当别论。毕竟人们作为群居性动物，对于不合群者总是有着天生的排斥，**泯然众人或许是一种更为"安全"的生活方式。**

然而，大笨显然不属于"另当别论"的范畴，他更像是搞不懂人类社会约定俗成的"规则"：看不懂人们的暗示，读不懂人们的表情，无法找到人类的行为逻辑，像是一部坏掉的读卡机。

我总觉得他和这个社会格格不入，虽然不是那种棱角锋利的

闯入者，但也做不到完全地接受和融入，更不会完全脱离人群，于是导致了他在社交上的缺陷，甚至可以称之为"灾难"。

大笨并不厌恶人类，也不至于完全丧失社会能力，他可以"说话""表达"，但是似乎无法"交流"。而所谓交流，是需要人们对相同的事有同频的想法，从而在电光石火之间，让那些由对话激起的情绪像彼此有效碰撞的分子发生化学反应，触发灵魂的一些微小的波澜。

从我认识大笨的那天起，似乎就没见过他真正和人"交流"过，同我们也是。从这个层面上来说，大笨没有朋友，他就像一块被水淋湿的打火石，无论如何都无法激起火花。有的时候我总是想：如果大笨像那些高傲又自负的天才就好了，起码在他自己的世界里，他能获得很多高于现实的精神财富，从而填满因为这部分遗憾而带来的孤独。可是大笨善良也温柔，所有聊不下去的时刻，你只能看到他带着歉疚又有些落寞的微笑。

而与他人沟通不了的结果是，大笨所做出来的作品，也很少有人能真正地看懂。毕竟如果把一块不知道从哪里掰下来的"零件"涂上颜色，就称为艺术的话，或许对于大多数人来说都有些理解困难了。但是不得不说，你如果用心去观察的话，那些古怪的形状、夸张的配色确实可以惊艳你。然而似乎很少有人会花时间去留心这些设计，人们更愿意购买那些更实用的东西。

按理说，大笨这样的性格很容易被他人"排挤"，我常常担心他该怎么做生意养活自己，但他似乎……也不像是印象里穷困潦倒的艺术家的样子。

慢慢地，我和大笨混熟了，工作不忙的时候，我很喜欢去他的工作室里待着。尽管不能"交流"，却让我对大笨有了更多的观察。

我相信，每一个去过他工作室的人，都会不可自拔地爱上那里的舒适、安静。

喝一罐大笨自己泡的茶，坐在窗边晒晒太阳，每当这个时候，我都会突然觉得似乎也不是非要交流才能完成社交。在他身边，人们会自动将自己调成静音模式。

每当这时，大笨通常会默默地拿出一堆木材，坐在一旁细细打磨、裁切、拼接，偶尔停下来修改一下设计稿，整个过程流畅而治愈。可能这就是传说中的"忘我之境"吧。有时候我们一下午都不会说上两句话，我只是喝着茶，看他在一边忙碌，却不会觉得无聊。

在大笨的工作室里，时间的流逝是线性的，看得见，摸得着。年岁末，我在大笨的工作室观察晚霞，阳光仿佛给流逝的时

间镀了一层边，让我觉得，**孤独仿佛是从天而降的**。它穿梭在大笨的手和木块之间，像保尔·艾吕雅的诗："我把你造得像我的孤独一样大。"后来才慢慢发现，其实在大笨的孤独里，我也照见了自己的孤独。

而这种孤独无解，无论是对大笨还是对大家。它大到它的存在就是孤独本身，而我们无处躲藏，无人申诉。毕竟，不是每个人都可以和身边的人真正有效地沟通，只是大笨的状况比我们这些自诩"正常"的人更为显著罢了。我们或许能借助很多别的事物来帮助我们忘却，我们呼朋引伴，假装自己并不孤单。然而很多人终其一生，都在假装并不孤独。而大笨并不假装，他每天都在诚实地面对这个事实。大笨似乎早已习惯了这种生活，这种被我们称为"无聊透顶"的生活。并且不以为意，因为他还有喜欢的木工。**人总得有所热爱，有所追求，才不至于被这无趣的生活所吞没。**

我觉得他每天的日程沉闷而无聊，而面对我们日常琐碎的抱怨，他从不加入，也不感兴趣，只是坐在一旁默默听着，时不时贡献几个表情，安静得像一株热带植物。

每天他都会按照计划把那些家具做好，然后把一块好好的木头切割成令人难以理解的古怪形状，再拿出喷漆，捯饬那些"零件碎片"，乐此不疲。但由于是大笨，虽然不理解，倒是也可以接受，毕竟比起和我们聊天，似乎做这些东西更让他感到快乐。

大笨的孤独很平和。

也许大笨一开始也只是偶然意识到自己与周围的人有些许不一样，然而尝试挣扎和解释换来的却是他们的不理解。所以他换了一种较为平和的方式，不再强求他人理解自己，只是不与别人发生冲突。他不解释，也从来不尝试解释，有时我觉得他固执而别扭，但又不得不承认，他确实通过他的努力获得了不用解释的权利。

毕竟，他还有我们这群不懂他却也能和他玩得很好的朋友。

刚和大笨认识的时候，工作室忙，没时间社交，大家只是电梯里碰见了互相问候的点头之交。真正地熟络起来，是在北京冬意渐浓的时候 ——我想要给办公室添置一个落地式衣架，能日常挂一件外套即可。逛了很多家具店，都不尽如人意，要么是树枝形，要么是一根横杠，服务员推荐的理由永远都是可以挂多件

衣服，具有很强的实用性。而我却固执地只想要一个不占地方、只能挂一件外套的衣架。找了许久无果后，也是偶然间想到，不如就去大笨的店里碰碰运气吧。

那天北京难得在冬天下起了雨，我推开大笨工作室的门时，大笨正抓着一条干毛巾擦拭着头发，他是天生的自然卷，淋了雨以后头发就更卷了，颇有几分艺术家的感觉。

见我来了，大笨点头示意我自己找地方坐。我找了半天只找到一个三角形的凳子，坐下去总觉得怎么着都不舒服。

大笨胡乱擦了擦头发，赶紧给我倒了杯热茶，是普洱。捧着茶杯，暖意也一点点传达到四肢，驱散了刚进门时的满身寒气和拘谨，心稍稍放松下来。听我说明了来意，他便带着我去找衣架。

不同于家具店里那些树枝形的衣架，大笨给我找到一个绿色的 U 形架，底座依旧是三角形的设计，U 形架的上方有一根横杠，我试了一下，正好可以挂一件外套，完全满足我的需求。

我当下就决定买下它，问大笨多少钱，他却只是目光灼灼地盯着衣架，片刻后仿佛如梦初醒，摇摇头说："送你了。"

我过意不去，不能又喝大笨的茶，又拿他的衣架吧？但大笨也很执拗，无论我说什么，都是那 3 个字："送你了。"于是在我的耐心劝说下，大笨跟我上楼，在我们公司的会议室，与大家一起吃了一顿火锅。

大笨说，他上一次跟那么多人一起吃饭，还是在他表妹的婚礼上。

我们开玩笑说，今天虽然没人结婚，但咱们的友谊有了进一步的发展，也是喜事一桩。大笨听后笑了笑，这还是我第一次看他笑得那么开怀。

自那以后，大笨就成了我们公司的常客，不在工作室琢磨他的那些家具时，就会来我们公司串门。

我们的友谊模式也很普通，虽然还是无法"交流"，但我们乐于"分享"。他偶尔也会自己静静地坐在我们公司的沙发上看某个成员的作品，我们也乐于到他的店里多制造些噪声，选走一两件奇怪但是莫名能够符合我们心意的家具。

在我看来，大笨是个安静的朋友，安静而孤独到似乎不需要朋友。

我们都以为大笨会一直这样孤独下去。直到一个很普通的秋日下午，气温骤降，大家都窝在大笨的店里昏昏欲睡，这时一个女孩推开店门，门口的风铃清脆，打破了午后沉闷的气氛。她的脚步轻盈雀跃，就像一把锋利的美工刀，划开罩着整个空间的孤

独的空气，然后窗外的阳光直直地刺了进来。

大笨一向不会对顾客主动追着问，说了句"欢迎光临"便继续忙手里的活儿。女孩似乎毫不介意，径直掠过了那些家具，转而看向了我们一直吐槽的"花里胡哨"的木头零件。她把其中的两块拼在一起，看了又看，忽然抬起头——

"你在做一棵树吗？"

就在那一瞬间，我捕捉到大笨脸上一瞬间的表情变化：那是一种我从没在他脸上见过的，可以称之为"惊喜"的表情。他的眼睛似乎被点亮了，兴奋地张了张口，却发现说不出话来。也许是这么长的时间里，我们头一次看到大笨这个样子，快乐、幸福，像左旋壳的蜗牛终于在茫茫世界里找到了另一只左旋壳的蜗牛。

他满脸通红，结结巴巴地跟女孩解释着自己的创作，女孩听得认真，不时点头。

"我很喜欢这个，等你做好了我一定会买的。对了，我叫苏茵，很高兴认识你。"女孩笑着伸出手。

其实苏茵是来买木雕的，逛了一下午，阴错阳差地走进了大笨的店，他们的相遇就像电影《卡萨布兰卡》里面的经典台词所描述的那样："世界上有那么多城市，城市里有那么多酒馆，她却偏偏走进了我这一家。"

这世界那么多人，彼此相遇、分离，都不稀奇。但总有一个人，能在茫茫人群中看到你，向你走来。从询问你的名字开始，然后，有了一切。

3

苏茵的到来让大笨的店添了很多生气，大笨的话渐渐多了起来，笑容里也多了真挚与轻松。我想起冯唐的一句话："有些人像报纸，他们的故事全写在脸上；有些人像收音机，关着的时候是个死物，可是如果找对了开关，选对了台，他们会喋喋不休，直到你把他们关上，或是电池耗光。"苏茵或许就是那个找到了大笨的"开关"的人吧。

后来大笨的店里出现了一棵巨大的、五彩斑斓的树，绚丽得像把整片天空的晚霞都摘了回来。

我们也才发现之前我们未曾留意的、藏匿于无聊日常之后的诸多细节：比如，大笨泡的茶其实每天都在换，他买的是那种一罐7包，每包不同的茶；比如，大笨用的材料并不是木头，而是

他自己找工厂做的合成材料，他一直在致力于研究如何保护森林；比如，大笨之所以这么执着于在设计中添加三角形的元素，是因为他觉得三角形是最孤独的形状，在家居设计中，很少有人会用，因为很难完全贴合。

但是那时的大笨完全没有想到的是，如果是另一个三角形与它背靠背的话，那就可以做到完美贴合。

而那天打开大笨店门的苏茵，便是属于他的三角形。

苏茵是一个策展人，经常来大笨的店里同他讨论，寻找灵感，慢慢就成了大笨店里的常客。大笨万年不更新的微信朋友圈，也因为她变得鲜活了起来，他经常在朋友圈帮苏茵宣传。我们调侃他，不知道还以为他改行卖展览门票了。

大笨挠了挠头，笑着说："也不是不行嘛。"竟然跟我们开起了玩笑。

原来孤独并不是无解的，只要灵魂相似的人相遇、碰撞，即便是庸俗的日常，也能开出千万朵热烈的玫瑰。

理解才是孤独的解药。

去年夏天，女孩又做了一场展，这场展的主题叫"孤独句号"，展出的场所就在大笨的工作室。

起初我还不明白为何要取这样的名字，去看了以后才明白，这个展里，各种细节里都有三角形的设计，埋藏着的小心思是在告诉大笨，从今以后，他将与孤独告别，像那棵五彩斑斓的树一样，迎来五彩斑斓的生活。

"我本可以忍受黑暗，如果不曾见过光明。"**那个午后，女孩携带阳光的闯入，让他的爱与孤独都"弃暗投明"。**

三角形不再孤独，大笨也是。

而她，便是他的孤独句号。

Chapter **4**

在这路遥马急的人间勇往直前

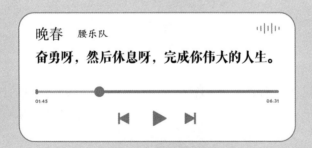

晚春　腰乐队

奋勇呀，然后休息呀，完成你伟大的人生。

01:45　　　　　　　　　　　　　　　06:31

热爱是一场自我完善的救赎

成长或许就是这样。认清去处，不忘来路，迷雾漫漫，终有归途。

1

前些年我特别喜欢问自己一个问题——"我成为最好的自己了吗？"

朋友眼中的我，父母康健，年少有为。

作为主持人，做过一档收听量排名前列的节目。

作为作者，出过几本不同类型的书，也很幸运地收获了一批读者朋友。

作为创业者，创办的两家公司都顺利拿到了融资。

但到如今，我依旧会时常问自己："我成为最好的自己了吗？"

有段时间我很迷茫，生活似乎失去了目标和方向，像是置身于一片旷野，看不到来路，找不到去处。我渐渐明白，或许我永远都处在一种不满足现状的状态中，而"最好"的标准会随着时间的推移而发生或多或少的改变，我真正想要成为的，是比之前的我更好的自己。

假期回老家参加了一个亲戚的婚礼，也是在那里，我认识了樊哥。

从表弟的口中得知，樊哥是小镇上首屈一指的"九球天王"，台球打遍小镇无敌手。表弟一手攀着樊哥的肩膀，一边跟我滔滔不绝地讲着樊哥的"光辉事迹"。樊哥在一旁只是笑笑，并没有多说什么。

后来慢慢熟悉起来，我才知道樊哥是一名中学体育老师。小镇上的许多孩子跟随父母远赴他乡求学，导致留在本地的孩子的

数量减少，每个年级只够开设两个班，因此学校给体育老师的课程任务并不繁重，樊哥便利用业余时间来台球馆帮忙，顺道做一下"活招牌"。

我也和樊哥一起打过几次球，算是彻底被樊哥的球技所折服。后来我问樊哥，为什么当初没有把这项爱好发展成主业，毕竟球打得这么好。

樊哥收敛起笑容，沉思了片刻，回答道："其实大多数的普通人都没有办法把爱好当作职业。我已经比很多人幸运了，有一份让家人放心、满意的工作，还能坚持自己的爱好，并且因此交到了好多朋友。或许在你们看来，如果我坚持下去可能会获得更大的成功，但是在我看来，现在这样就是我最满意的状态了。知足常乐，我从不奢望你们所说的那些最好的结果，当下的我已经很好了。"

樊哥的话听起来让人觉得他这个人好像太"佛系"了，没有什么野心和追求，但……安于现状似乎……也没什么不好，对吧？而且越了解他，越佩服他内心的那份坚持与不为外界所扰的内心秩序。

樊哥以前可以说是一位不折不扣的"问题青年"。他聪明，脑子活泛，学什么都很快，虽然学习成绩不稳定，但考试前只要努力一下就能考出不错的成绩，父母也对他寄予了厚望。

高考那年，樊哥考上了省内的一所体育院校。父母觉得他未来当个体育老师也不错。9月，樊哥拎着行李踏进了大学校园，正式迈进了18岁后的人生。

学校距离樊哥家只有2个小时的车程，不过，由于要训练，樊哥每隔一个月才回家一次。每次樊哥回家，母亲都会准备丰盛的饭菜，为他补充营养。

樊哥大二那年，镇上开了第一家台球馆。作为当时的新潮"游戏"，打台球自然成了镇上的年轻人追赶的潮流。平时一到晚上和周末，就能看到三五成群的年轻人从各个地方拥进台球厅，他们在球桌上释放过剩的精力，打发无聊的时间。台球厅里经常烟雾缭绕，只要不打架闹事，老板便也睁一只眼闭一只眼。去接孩子放学的家长路过这里，总是忍不住皱眉，在他们眼中台球厅鱼龙混杂，去那里玩的都是"混子"，所以他们总会阻拦孩子好奇的目光，拉着他们的胳膊警告道："不许进这种地方。"

樊哥第一次进台球厅，是在即将升大三的那个暑假，为了去找他的表哥。当时，表哥打得正在兴头上，非要拉着樊哥一起打。樊哥无奈便加入了他们，他站在一旁看了一会儿，结果第

一把差点一杆清台，看呆了周围一众人，人群中爆发出阵阵欢呼声。那一刻，樊哥第一次感受到被众人簇拥的荣誉感。

樊哥的天赋真的很好，每个技法只要一上手，他都能迅速掌握。很快，樊哥成了台球厅的常客。来自同龄人的盲目追捧逐渐让樊哥的内心膨胀，特别是那种即刻的满足感，远非漫长而乏味的学习过程所能比拟。

作为台球厅的"大神"，樊哥常常被围观者要求请客，而他也在一声声的赞美中迷失，随意让他们消费。然而樊哥家境并不富裕，父母就是普普通通的打工人。

樊哥的母亲为了方便照顾樊哥年迈的爷爷奶奶，在家里接了缝补的工作；而父亲为了家里的开支和樊哥的学费，去了邻省打零工。虽然生活不算太富裕，但他们每月都会准时给樊哥生活费，只不过这钱转眼间就基本上交给台球厅了。

时间在绿色的球台上，伴随着球与球的碰撞，一点一滴地被消耗。它如同永不消散的烟雾，与满地的烟蒂混淆成一片模糊的景象。于他们而言，青春似乎就应该这样，比梦幻更加虚无缥缈。

暑假期间，由于父母忙于工作，而樊哥每次都会准时回家吃饭，所以母亲只当他是假期找伙伴消遣，并没有产生怀疑。

开学后不久，市里也开了一家台球厅，距离樊哥的学校不到3公里，于是樊哥转换了战场。由于他的球技很好，很快在这里也收获了很多欢呼声和追捧声。

更近的地点让樊哥出入台球厅的次数比在家时更频繁了，随之而来的问题，就是他的生活费不够用了。于是他找了个借口，跟父母商量，希望能涨一点生活费。

父母只当孩子训练辛苦，消耗大，于是给他的生活费每月又加了100元，这些钱自然又流进了台球厅。虽然樊哥心中有愧，但很快这份愧疚便在周围的欢呼声和台球进袋声中被冲散，樊哥也离最初的目标越来越远。

樊哥对台球的痴迷程度越来越深，他几乎把所有的课余时间都花在了台球厅。原本应该用于学习的时间，也被他用来研究各种台球技巧和战术。上课的时候，他常常心不在焉，脑子里想的都是台球的走位和击球策略。

渐渐地，他的学习成绩卜滑。作业不能按时完成，考试成绩

也不理想。但他却没有意识到问题的严重性，依然沉浸在台球的世界里。他的生活也变得一团糟，作息时间不规律，饮食也变得随意。他不再参加学校的体育活动和社团活动，与同学们的关系也变得疏远。

这样的情况一直持续到大三上学期期末。辅导员见樊哥专业课成绩突然下滑，甚至有两门课挂科了，于是找来樊哥谈话。但是樊哥只说家里有点事，保证会调整好自己的状态，不会再这样了。

谎言总是会被揭穿的，更何况樊哥当时只是一个20岁出头的小伙儿，辅导员一眼就看穿了他的小心思，知道单方面这样沟通是无效的，只当面说了几句，就让他回去了。随后，辅导员找到他的室友和同班同学，多方面了解后，才知道是他沉迷于打台球所致。为了对孩子负责，老师给樊哥的父母打了通电话，与他们沟通了樊哥的近况和惨不忍睹的成绩。

得知消息的那一刻，樊哥的父母简直无法接受：成绩下滑、撒谎、整日混迹于台球厅，还跟一群不学无术的小混混玩在一起。

不知道从什么时候开始，自己眼中那个令人骄傲的儿子成了"问题青年"。

　　他们的第一反应不是暴怒、责怪孩子，而是反思是不是自己没有做好。没有父母会放任自己的孩子在错误的泥潭中越陷越深，两口子商量了一下，决定亲自去学校和孩子谈一谈，了解一下究竟是怎么回事。

　　父母来到学校，并未看到樊哥，于是便去了学校附近那家台球厅，果然看到了正在"激战"的樊哥。看到突然到来的父母，樊哥有些措手不及。

　　台球厅里，父亲怒不可遏，看到樊哥看自己时慌乱的眼神，情绪像是绷断的弦，他狠狠地打了樊哥一顿，要不是母亲拉着，樊哥觉得自己的腿都会被父亲打断。从小到大，父母从没打骂过樊哥，看着父母泛红的眼眶，樊哥心里也不是滋味，当即保证以后再也不打台球了。父亲听完没有说话，一旁的母亲站在角落里，偷偷地擦着眼泪。

　　经此一事，樊哥的确收敛了很多，也自知心中有愧，很长时间没有再去过台球厅，但每次只要听到类似的撞击声，就感觉是球撞杆的声音，他心里就犯了痒痒。

　　偶尔经过那家台球厅，碰到之前一起打台球的哥们儿，人家笑话他："不会吧，这么怕你父母呀，这就不打了？真是爸爸妈妈的乖宝宝。"他们阴阳怪气，一边摇头，一边从他身边走过，

嘴上继续说着："不去算了，咱们走吧。"

20岁出头的小伙儿，热血沸腾，哪里经得起这样的语言的刺激，樊哥当即便溜进了台球厅。手再次握杆的那一刻，仿佛重新站在了赛场，樊哥只觉得有一股血流从脚底直冲到头顶，精神既放松又亢奋，曾经对父母的承诺全被抛到脑后。

自上次与樊哥沟通后，父母便决定，樊哥每周都要回家。这个决定实行后的两周，樊哥每周按时回家。然而，随后他渐渐没有按时回家，父母问其原因，樊哥说大三学业重，训练任务多。到第三个月，樊哥一个月才回来一次，母亲察觉不太对劲，于是周末再次来到学校找樊哥。

母亲到达学校时，正值中午，却没有在学校找到儿子，于是带着忐忑的心情又来到了那个台球厅，果然看到里面因为兴奋而大喊的儿子，愤怒、自责、失望、难过，各种情绪一时涌上心头。烈日当头，但她只觉得一阵冰冷之感从心底涌出，眼泪止不住地一滴一滴地流下。

樊哥正"杀"得起劲，冷不丁胳膊挨了重重一巴掌，刚想回头破口大骂，没想到一抬头，却撞上了母亲愤怒中夹杂着失望的眼神，一时间愣在原地。

母亲站在门口，流着泪看着他，一言不发，半晌转身离去。

冲上脑门的怒火像被一盆冷水兜头浇下，樊哥不知作何反应。没有人知道，在那短短的几十秒钟他在想些什么。

那天樊哥没有回学校，一整个下午，他就在大街上晃荡，母亲那失望的眼神始终在他脑海里挥之不去。第一次，樊哥感觉到了羞愧，那份愧疚压得他抬不起头。偏偏那天天气好得不像话，阳光明媚，让人无所遁形。

他不知道该怎么面对父母，面对始终信任他的父母。直到天开始擦黑，樊哥突然想回家见见父母。刚走进院子时，樊哥看到父亲正坐在门口抽着烟，地上横七竖八地躺满了烟头，烟雾模糊了视线，他看不清父亲的表情。父子俩都没有说话。抽完手中的烟，父亲起身回屋。母亲见儿子回来，走进厨房煮了碗面。

"先吃饭吧。"父亲平静地说道。

没有责骂，没有愤怒，没有第一次那样的棍棒交加。樊哥反而更加慌了，原来失望是比打骂更令人恐惧的刑罚。

坐在餐桌旁，樊哥看着碗里卧着的两颗鸡蛋，拿起碗，埋头大口大口地吃了起来。他一边吃一边落下泪来，而他的头始终抬不起来。

沉默。房间里的沉默快要把他吞没了。

　　樊哥不敢抬头，视线顺着碗沿向上爬，最先映入眼帘的是母亲的手，粗糙、红肿，手上布满细小的裂口，她身上的衣服还是几年前的。樊哥如鲠在喉，那一刻，他终于意识到了自己的任性以及父母的包容。他没有说话，只是默默收拾好碗筷，随后像是下了什么重大决心似的，坚定地看了父母一眼，便转身回房间了。

　　餐桌边，两声微不可闻的叹息，像是终于松了一口气。

　　他们之间很有默契地对这次事件绝口不提，而樊哥再也没有迈进过台球厅。

　　樊哥有心向学，然而那些落下的课程并不是一天就能补起来的，但他坚信只要自己肯努力，就一定能办到。老师们见他有转好的迹象，都很欣慰，同学们也开始帮助他。

　　之后，他每天早上5点起床，去操场跑步10公里；课余时间，他就去图书馆学习；并且，还积极参加一些社会实践和比赛。他用脚步一点点丈量着和梦想的差距，似乎每努力一点，都离那个目标更近一些。

　　他亲手杀死了曾经颓废的自己，决心给自己挣一个未来。

4

大四上学期期末，樊哥各科成绩都达标，并且之前不及格的科目也补考合格，再过半年，他就能顺利毕业了。看到他的转变，老师们都很高兴，据说他的故事经常被学校的老师用来当作经典案例讲给后来的学弟学妹听。

本来生活的一切都开始在向好的方向发展了，却不承想命运之神再一次扼住了樊哥一家的喉咙。

樊哥毕业前两个月，母亲在一次体检中被发现胸部有阴影，医生让她抓紧做进一步检查。樊哥把母亲接到省人民医院，很快就出了结果——乳腺癌中期。为了防止癌细胞继续扩散，医生建议立即做手术。

在他眼中，母亲一直都是一个女强人，为了这个家她付出了太多，谁承想还没来得及享一天福，厄运就这样压到了头顶。得知结果的母亲只是用袖子擦干眼泪，然后平静地跟医生说，尽快安排手术吧，语气和平日在家喊樊哥吃饭时一模一样，而只有樊哥知道，他握着的那只苍老的手正在颤抖。

他知道这个时候一定要保持冷静，但是始终没有办法把这个

手术当作割阑尾一样简单，直到把母亲送进手术室的那一刻，他的情绪终于崩溃了。他瘫坐在手术室门口，脑袋里嗡嗡地叫着，额头上不断冒着冷汗，眼睛紧盯着手术室门口"手术中"的灯，一刻也不敢移开视线。

还好上天听到了他的祷告，母亲的手术一切顺利，但是接下来还有很长的治疗之路要走。

父亲为了方便照顾妻子，干脆在医院附近租了房子，然后得空就去送外卖、做跑腿，以此来维持妻子高额的医药费。樊哥没课的时候，也会来陪母亲。化疗熬人，母亲反应很大，经常是吐到胆汁都流出来，头发更是大把大把地掉。眼看着曾经健康的母亲日渐消瘦下去，樊哥既心疼又无可奈何，无力感围绕着自己，抓不住，打不散。

患者的抗癌之路很长，医院怕家属难熬，会定期给家属做心理疏导，但是樊哥看到母亲只一周就如此消瘦，心里的这个坎儿实在过不去。

第一轮治疗结束后，为了减少开销，母亲让父亲把房子退掉，回老家养着。临走时，母亲对樊哥说："儿子，不要担心妈妈，看到你现在这个样子，就算我现在走了，也没有什么遗憾。"母亲的话令樊哥再一次崩溃。过往的经历再一次袭上心头，樊哥懂母亲的意思。还好，他没有辜负母亲；还好，他没有成为一个糟糕的人。

樊哥毕业时，他邀请父母来学校参加毕业典礼。母亲看到穿着学士服的樊哥，温柔且欣慰地笑了。那一刻，樊哥看到母亲仿佛回到了之前健康的状态。

5年后，母亲做最后一次复查，结束时医生说母亲已经痊愈了，樊哥一家紧绷的神经这才彻底松了下来。彼时，樊哥已经考进了离家5公里不到的中学，成了一名体育老师。

母亲对樊哥说："父母当初为你做的一切，其实都是为了让你健康茁壮地成长，未来有能力去做自己喜欢的事，而不是变成努力做好一切的大人。"

也正是因为母亲的包容与理解，樊哥开始重新捡回了自己的爱好，偶尔去一次台球厅。

樊哥说他其实也想过很多次：如果当年他没有改变，现在会如何呢？或许早就已经辍学，或许也会和当年那些混迹在台球厅的少年一样整天无所事事，或许他的父母会对他彻底失望，又或许母亲的病会因为自己变得更加严重。

但人生没有如果，我们所做的每一个人生选择，都为未来默默埋下了因果。"昨日种种，皆成今我。"好在，不管是什么样

的选择，时间还是给我们留了机会去修正。

选择本没有对错，关键在于，你能否承担选择所带来的后果。我欣赏所有能够勇于正视和接纳自己选择的人，更佩服所有能够在做完错误的选择后还能扭转结局的人。

"**最完美的状态，不是你从不失误，而是你从未放弃成长。**"铅笔上面之所以安上橡皮，就是允许你犯错。

重要的从来不是方向，而是你始终在向前走。所以，即使走了弯路也没关系，只要目的地在前方，你总能重新出发，直至到达。

成长或许就是这样。认清去处，不忘来路，迷雾漫漫，终有归途。

心之所向，素履以往

"如果有个机会可以给18岁的自己提一个建议，你会想说什么？"

"你可以在任何时候选择出发，就按你想的那样去做，别害怕。"阿彩眨了眨眼睛。我们在露台吹着晚风，她的侧脸安定而平和。

阿彩是我的好朋友，大龄，未婚，新时代女强人，这是人们在介绍阿彩时首先会甩出来的几个标签。阿彩很拼，无论做什么事，都会全力以赴，是我们这些朋友公认的事实。因为拼命工作，所以耽误了最佳结婚年龄；因为性格强势，所以更难找对象。人们在说

这些的时候，语气中难免带一些自以为是的怜悯和揣测。

这种诟病也确实让阿彩消沉了一段时间，在她和前男友分手的时候。

"曾经我也在想，到底是不是自己的错。"阿彩轻轻地笑起来，"可是追逐自己真正想要的又有什么错呢？谁也不是过错方。"她说得轻松坦然。

她说得很客气，即使是面对在她出差期间出轨，经常对她实施冷暴力的前男友时，她仍旧非常冷静，果断提出了分手，并以最快的速度调整好自己的状态，一点没有影响到自己的工作。

痛苦过，但没有动摇过，这是我最佩服阿彩的地方。

阿彩与我的缘分颇深。在北京这个偌大的城市，能遇见一个河南老乡不难，能遇到隔壁村的老乡，还真不容易。

我刚开始创业的时候，阿彩所在的公司想要投资程一电台，她到我们公司来做尽调。我们开始第一轮的谈话之前，阿彩问我："听说你也是河南人，河南哪儿的呀？"

在我说出我老家的村名时，阿彩的眼睛瞬间亮了起来，她用一句道地的河南话回复我说："老乡啊！"

同样是出身农村，阿彩没有我幸运，她16周岁的时候就已经出来打工了。

穷人的孩子早当家，阿彩收拾家里很有一手，也是凭着这个本事，她找到了自己的第一份工作——保洁。

招她做保洁的人家住在别墅区，她第一次去的时候战战兢兢的，感觉那个建筑"像是小时候看的童话书里的宫殿"。站在华丽的屋子中间，阿彩显得格格不入，生怕碰坏了人家的东西，自己赔不起。手足无措的时候，是一起过去的同事跟她说，小心一点就行，她这才敢开始干活。

从早上9点开始，到下午3点，阿彩他们才打扫完毕。看着身后的别墅，阿彩幻想着，如果哪一天她也能拥有属于自己的别墅就好了。当然，只是想想而已。

阿彩幻想自己有一天能够坐进大学的教室里重新读书，能像城市里那些姑娘一样穿着职业套装在写字楼里上班，能够在城市里有一套属于自己的房子。但就像美丽的肥皂泡，这些念头在繁杂的劳动中转瞬即逝。

阿彩烧得一手好菜，因此做了大概一年的保洁工作后，当初

介绍她去做保洁的中介问她愿不愿意去做保姆，工作性质跟之前的稍有不同，除了要负责一栋房子从上到下的卫生，还多了做一家人的三餐，以及照顾一个6岁的小孩儿，当然工资也相应高了不少。她想都没想就答应了。

阿彩乐观且知足。她自认为很幸运，毕竟这世界上还有远比她现在的生活条件更艰苦的人，所以她不放弃每一次可以做到最好的机会。而她确实是这样做的 —— 以18岁的年龄，就能把那些冗杂琐碎且繁重的家务活干出了酒店员工的水平，清理不说，厨艺也不输一般饭店。雇主家看她勤劳踏实，孩子也喜欢，便对她更多了几分亲近。

阿彩家里也有弟弟妹妹，只是他们的生活条件和这里的比起来天差地别，她照顾小孩子的时候就像看到了自己远在家乡的弟弟妹妹，所以总是特别温柔、有耐心。6岁的孩子追在她身后喊她"姐姐"，奶声奶气的，让她觉得生活也没有多苦。

阿彩每天要送小朋友上学，接小朋友放学回家。看到别人家的孩子的父母衣着光鲜亮丽，偶尔与老师亲切交谈，她就在心中偷偷谋划着，如果有一天她有孩子了，她一定也要这样出现在孩子的学校里。

阿彩虽然已经离开学校了，但是一直没有放弃读书。她知道读书对一个人未来的重要性。在做保姆工作的时候，她偶尔也会给小朋友讲故事，还被特许用雇主家的书房。书房不大，但是书倒是不少，除了很多的儿童绘本、童话故事书以外，还有很多世界名著。

阿彩喜欢看书，有的时候小朋友在旁边玩，她就从书架上拿本书，边陪伴边阅读。就这样，她在这间书房里看完了伍尔夫的《到灯塔去》，又看完了《飘》《简·爱》《小妇人》，故事中的女性没有水晶鞋，也不会等待王子来拯救自己，将自己带进城堡。她开始思考，同样作为一名女性，她是不是也有机会改变自己的命运。

她决定换一种生活方式，一种更强大且生猛的方式。

阿彩说，她永远不会忘记那段在别人家书房里读书的日子。作为一个来自农村、出身贫寒的小姑娘，她原本觉得现在过的已经是她能够争取到的最好的生活了，之前她所能想到的未来，就是攒到足够的钱，然后回老家，结婚生子。这是她的父母灌输给她的关于幸福的全部概念。但是在书里，她看到了截然不同的世界，更自由、更辽阔，也更精彩。

3

这个世界的雏形在她的脑海中渐渐显现，她第一次觉得自己渐渐离开了那个举目只见青烟和青白的天空的村庄，真正地开始审视自己才刚刚开始的人生。她想要什么样的生活，她想成为什么样的人，都在那段时间，在她的心里有了具象。

那天她无意中看到了一篇报道，讲的是一个北京育儿嫂的故事：她经历过家暴，逃离后来北京做过餐馆服务员、育儿嫂。她说她的生命是一本惨不忍睹的书，命运把她装订得极为拙劣。是阅读和写作让她找到了精神寄托，让她得以用更开阔的视野去认识世界。

阿彩在别人的故事中看到了一条不一样的出路，她开始意识到自己究竟错失了多少的青春 —— 16周岁，离开家去打工；18周岁，依旧在原地踏步。

而这样的生活，真的是她想要的吗？她的人生，不应该"本就如此"。

在经历了许多个辗转难眠的夜晚后，阿彩心中那个想要改变现状的想法越发清晰。终于在一天深夜，她从床上坐起来，拿上身份证找了一间网吧，在网上开始搜索电大的招生信息，做足了功课以后她又开始计算着自己手里的存款。

做完这一切，天已经亮了。她像往常一样，回去继续工作，给雇主一家做早餐，收拾完毕后送孩子上学，但紧接着她就去电大报了名。

不是夜晚的情绪上头，也不是一时兴起，"那一刻好像心里升起了一个念头，我不能再安于现状了，我要做出一些改变"。

白天工作，晚上上课，阿彩正式成为电大的一名财务专业的学生。下课后，她回到住处还要继续把学的功课给消化掉。那段时间，阿彩从未在凌晨2点前入睡过，但是她从来都没叫过苦和累，**读书学习就是糟糕生活最好的安慰。她知道，生活不会因为你的可怜和天真就放你一马，你得给自己锻造铠甲。**

阿彩说："有些事情，必须一个晚上就做完。"

比起很多人抱怨过去，在当下为自己曾经错过的青春而感到懊丧，阿彩永远带着一份做到极致的决心稳稳当当地向前，不断地学习，不断地强化自己的技能：从零基础开始补习英语；每月三分之二的工资寄给她父母后，再抠出一部分用来上课、买教材。她完全没有闲下来的时候，只有工作和学习。

她从来不会思考"什么时候是尽头"的问题，因为她坚信

"每个尽头都是新的开始"。

她永远奔着下一个未来，马不停蹄地填补她人生的"空缺"。

这样整整坚持了5年多的时间，阿彩取得了本科的文凭，这意味着她可以尝试着去找一份新的工作，也可以尝试去考研，去更大的平台。

阿彩身上最让我佩服的地方，就是她可怕的执行力。**她的口头禅便是那句：有些事情，必须一个晚上做完。**想到了就立刻去做，有些事情是会在你的拖延和犹豫中被慢慢消磨掉的，消磨掉你的勇气、决心、时间，绊住你前进的脚步。

读书、工作，她好像有用不完的精力，像一个永动机一样，始终保持着向前冲的动力。在她28岁那年，阿彩如愿以偿，穿上了职业套装，在她向往的写字楼里办公。

然而阿彩身上真正可贵的，是她从来不会因为自己的身份而感到自卑。她坐在会议室里，对于一个项目势在必得的自信，让其他的汇报者不禁直冒冷汗。

她始终清醒，不是穿上职业装振臂一呼，喊几个口号就能够成为精英女性、职场强人的，在那些看不到的角落，在一个个夜深人静的时刻，她独自一人，走过了那些至暗时刻。

真正接触到投资，是在她30岁那年。

人生在于折腾，彼时已经在一家会计师事务所做会计师的阿彩因为一次论坛，对投资产生了兴趣。

或许是自己从零开始到现在拥有一切的经历给了她十足的信心，她开始相信自己是有能力胜任这个岗位的。

"于一切眼中看见无所有；于无所希望中得救。"她把鲁迅的这句话作为座右铭，放在自己的办公桌旁，时刻警醒自己。

从投资助理重新开始，每天看项目，分析和收集资料，甚至还有最基础的会议安排、会议记录。

阿彩是一个高级时间管理者，虽然她的职位是投资助理，但是她给自己的定位是投资经理。找项目，联络创业者，虽然碰了不少壁，但是也有很多创业者愿意跟这位同样对事业充满热情的人聊一聊。

阿彩在自己33岁那年成了投资经理。搜集项目、约谈、尽调、谈估值，甚至连做梦她都在跟别人签 TS（风险投资协议），而时光给予她的奖励便是，她投出了一个 IPO（首次公开募股）

的项目，自此在公司一战成名，而她也获得了一笔不菲的奖金。

阿彩说，她有时候也会想念18岁时的自己，那个不需要在谈判桌上因为估值跟创业者据理力争的自己，那个总是用温和的语气给小朋友讲故事的自己。

但是怀念不代表想要回到过去，就像她之前看的伊坂幸太郎的小说《余生皆假期》中的一段话："**一味沉湎于过去是毫无意义的。一直看着后视镜是很危险的，会出交通事故。开车的时候必须专心地看着前进的方向。已经走过的路，只要时不时地回顾一下就可以了。**"阿彩说她相信未来的她，会比现在的还要好。

5

35岁时，阿彩遇到了自己的初恋，只可惜这段恋情并没有维持多久，她很快就发现了男朋友手机里与其他女生的暧昧短信。

有些人对这个年龄还没有结婚的女性抱有一定的恶意揣测，认为一定是因为她们太优秀，抑或太强势，从而逼走了身边的"伴侣"。说得多了，我慢慢发现，人们在评价一个女性时，总是会不自觉地将她带入传统婚恋模式的评价体系，却忽略了她背后的开朗、能干、为人热情、讲义气等优点。

很奇怪，这些造就成功的特质，却成为女性在婚恋市场中的"劣势"。

事实上，阿彩从来都把生活和工作分得很开。职场上她是雷厉风行的女强人，恋爱中她就是温柔体贴的模范女友。阿彩喜欢下厨，只要有空就会给男友做饭。恋爱中的阿彩从来都是全力以赴的那一个。即使忙碌的工作让她无法时刻陪伴在男友身边，她却总能把工作赶在周末前做完，赴他的约会。

男友生病时，她也总是提前做好热粥，即使忙到脚不着地，也会抽时间打电话叮嘱他按时吃药，事无巨细。

即使这样，到头来还是受伤了。

父母尝试着叫阿彩低头，劝她说只要他改了，是可以原谅的，毕竟她也已经35岁了，想要再去找个男朋友，可不是一件容易的事。同事中也有人议论纷纷："工作再出色又有何用，不还是管不住自己的男朋友。"

阿彩知道人们背后对她的议论，但她视而不见，不是装作视而不见，而是真的释怀了。要不是陪着失恋的她大醉过一场，我真以为她不在乎。爱的时候就认认真真用力去爱，不爱了就及时放手，坦坦荡荡。第二天又能收拾好自己，重新上场。

"男朋友可能会背叛你，但工作不会哟。"阿彩笑着说道，笑容背后或许有着不为人知的无奈和遗憾，但更多的是坦然。

好在付出得到了回报，阿彩投出了独角兽，她从高级投资经理升级为投资总监，年收入就更不必说。年少时向往的别墅，早已经不再是海市蜃楼的存在。

"拼命太后阿彩"，"人生导师阿彩"。

关于阿彩的故事就这样闯入了很多人的视线，我们公司的很多女生也曾一度变成她的迷妹，她们欣赏她，希望有一天也能成为那样的人。她终于成为别人眼中想要追逐的光。

她活得生猛有力，永远不会被那些条条框框束缚住，永远有重新上路的勇气。或许这就是她成功的原因吧。生活永远愿意给那些尽力一搏的人留出舞台的一隅。所以，她拼尽全力，挥出了漂亮的一拳。

6

今年，阿彩的新房子装修好后，邀请我们去为她暖房。我选了一瓶红酒送她，她开门迎接我的时候，一只短腿柯基从她脚边

188

跑过来，活泼得不行。

阿彩的房子装修得很简单，整体奶油色调，米色的沙发，茶色的木地板，一眼望过去十分温馨。唯一独特的地方，就是她的书房。阿彩把主卧空出来做了书房，而自己则住在了次卧。

对于她来说，卧室只是用来睡觉的，而书房才是她的天下。

在她18岁那年，她在别人的书房里找到了自己的未来，而如今她有了自己的书房，她希望自己可以在这里，打造一片只属于自己的天地。

所以我佩服她，她比任何时候都清醒、独立，坦坦荡荡地做自己。不疾不徐，一步一步，在百转千回的生活里，活成了自己18岁那年憧憬的样子。

而现在，35岁的她站在时光的渡口，回眸凝视曾经的自己——迷茫、青涩，脚步凌乱。她温柔地伸过手，对那个18岁的女孩说："别怕，就按你想的那样去做。"

"人生是旷野，不是轨道。"一站有一站的风景，一岁有一岁的滋味。只要心有所向，便不会迷途。

很多时候，我们只是缺少一份出发的勇气，所以，你现在要做的，就是走到旷野里去。

星河滚烫，来日方长

学会对生活保有耐心和期待，是成长教会我们的第一件事。

前一阵子，跟一群投资人吃饭，席间有一个"00后"的小伙子，他作为创业新秀，来跟这群前辈"取取经"。小伙子很年轻，态度很谦卑，话不多，大部分时间都在听大家讲话。

席间不知道是谁先开了口，说现在已经是"00后"的天下，别说是"70后""80后"，就是我们这群"90后"，都快要退出舞台了。有人不服，表示乾坤未定，我们还有机会成为黑马，同时又举了一堆大家都听过的关于50岁还在创业，最后成功翻盘的故事。大家感叹着，或许靠着这些"商业传奇"可以得到一些安慰和信心，好在这次的浪潮中再挺一挺。

我在一旁默默听着，没有做过多的发言。确实，作为一个刚创业5年的普通创业者，我也曾幻想过自己的项目能够成为独角兽，但是真正走上这条路，才知道这有多难。

第一个最直观的感受便是时间。自从创业后，我总觉得时间非常不够用。以前的时间都是自己的，但创业后，更多的是身不由己。既要管理公司、管理团队，还要去见投资人，跟投资人开会，工作之余还要去社交，要去参加行业内各种各样的交流。

最重要的，我要做好我的节目。这是我创业之余，唯一能够允许自己喘口气的所在了。

类似于那天的局，我一个星期可能要参加两到三次。我不是一个喜欢在吃饭时聊工作的人，但是后来也慢慢习惯了。饭局存在的意义，很多时候就是为了谈生意。从创业开始，有一个词在我的耳边出现的频率极其高 —— 身不由己。起初我不是很懂，公司是自己的，项目是自己的，有什么身不由己的？结果每到投资人问起："程一，你最近有什么新的想法吗？"我才真真切切地感觉到了：创业嘛，身不由己乃是常事。

越是对当下不满足，就越爱回忆从前。还是刚刚那位说"乾

坤未定，我们还有机会成为黑马"的投资人提出了一个问题："你们还记得自己15年前在做什么吗？"

这个问题不难回答，15年前我在上高中，前不久我还参加了一场高中同学聚会。大家都变化好大，有的甚至都认不出来了。曾经的白衣少年已然成了大叔模样，大家暗恋过的班花的眼角也挂上了几条细纹，曾经名不见经传的某某某已经是当地知名的企业家，举手投足已不见当年的怯懦，而当年大家最看好的一对校园情侣早已分道扬镳，再见时身边都有另一半相伴，脸上多了一份释然。时间就这样悄无声息地留下痕迹，让我们在那些大家彼此不曾见证的岁月里长成大人模样，让人不免感叹。

集体落座后，大家开始都还有些拘谨，毕竟隔了15年未见，面对这种大型集体"忆往昔峥嵘岁月稠"的场合还不能马上进入状态。很多人已经是多年未见，甚至都无法第一时间喊出对方的名字，只能紧握对方的手，眼神尴尬又茫然。三杯两盏过后，场子逐渐热络起来，在酒精的催化下，大家的记忆也逐渐鲜活起来。大家醉眼蒙眬，拍着彼此的肩膀，从不再年轻的脸上寻找当年记忆中的眉眼。班长见状，忽然突发奇想，提议要念念大家高中时 QQ 空间的说说。

气氛一下子就炸了锅。

像是一道利刃划破了大家彼此努力维持的成年人的体面，"死去的记忆"开始平等地攻击在场的每一个人。曾经的QQ空间仿佛是一个时光机器，时光的缝隙遗漏了太多，曾经隐秘的心思、不曾诉之于外的情愫、逐渐遗忘的理想……在今天，统统可以作为谈资。大家仿佛又回到了躁动的青春：有抢着点名念别人的，被对方上蹿下跳地抢手机；有的后知后觉发现自己以前的热血言论还没有删，满脸羞红像喝了两瓶白酒；有的淡定自若，因为发现了自己当时的行为太幼稚，早早就注销了空间；但大多数还是像我这样的，虽然非常不安但隐隐还有些期待地希望知道在对方的记忆里——

高中时的我，是什么样的呢？

大家仿佛都做了一场年代久远的梦，梦里有白衬衫、高马尾，有球场上挥洒过的热汗，有考场外忐忑的等待。梦里每个人都还年少轻狂，不会在说出宣言和梦想时字斟句酌、小心翼翼。**时间就仿佛是一块橡皮擦，一路走过，擦去了少年身上的稚气、"中二"的热血、青春的悸动，留下的只是记忆里一个个面目不清的身影。**

有时候还是会感谢社交媒体的存在，曾经珍藏的宝贝会丢失，人与人也会走散，记忆可能背叛你，爱的人也会离你而去，

但社交网络上，只要你没有刻意去删除，它都会一一帮你记录。不知道其他年纪的人们会不会如此，我们这一代基本上都认为自己青春期的社交平台——QQ空间，回顾起来就是一场大型的灾难，至少，在非主流还有可能存在的时间里是这样的。

果不其然，没有人逃得过曾经自以为时尚的非主流发型、自以为正确的叛逆、自以为不可一世的豪言壮语。那些属于自己过去的，在现在看来可笑的事物，实际上对自己的冲击远大于对他人的。以前不了解世界为什么是那样，为什么规矩要制定得那样死板，现在反而不了解自己曾经为什么会那样执拗，会有那样的喜好。

说不出哪里变了，那其实就是哪里都变了。

看着以前相册里那个甚至能看到像素块的模糊照片，照片上的自己留着长长的刘海，摆着自以为酷的造型，我一边羞耻，一边觉得陌生。

要知道，我有好多年没有脱掉面具拍照了，我的这帮高中同学也是为数不多见证了我最"中二"时期的人。

我觉得照片中的自己自恋又好笑。当年在QQ空间里发表那些愤世嫉俗的言论，从以前一个专门帮人写火星文的网站复制、粘贴一些语句作为自己的签名来彰显个性，现在想想，"为赋新词强说愁"的少年，原来已经离我好远。"而今识尽愁滋味"的我，却失去了承认它的勇气。

我忽然又被那时候的自己感动到。那时的自己，那些看似幼稚的言行，原来，也可以称之为"勇敢"。

我敢大声地叫嚣着以后要做一个主持人，敢用不标准的普通话在学校的广播站里读那些煽情又矫情的句子。在遇到让自己不平的人和事时，会认真地把自己的看法发出去，而每一个意见的发表，仅仅是觉得这样不对，我就要大声说出来。不会像现在一样，反复地字斟句酌，恨不得每句话加上"此言论仅代表个人观点"等一长串的后缀，以避免无谓的口舌之争。害怕别人过分解读，干脆不说。

那时候我有所追求，敢于标新立异，在大家都觉得"学好数理化，走遍天下都不怕"的年纪，我是为数不多认为成为一个主持人，讲好故事，传播好声音，也是一个了不起的人。

因为热爱，所以特别勇敢，勇敢到还没弄清楚这个社会的规则，就一头撞了进去。这一路走来，跌跌撞撞，栽过跟头，吃过苦头，却从没想过回头。

我想，我应该没有后悔过吧。

2

酒过三巡，每个人都带上了几分醉意，在酒精的作用下，大家看向彼此的眼神中也多了几分不加遮掩的情绪。"酒酣胸胆尚开张。鬓微霜，又何妨！"在这场不管是主动还是被迫的与过去的对话中，大家又重新打成了一片，仿佛中间不曾见面的这些年，彼此都没有错过。那些挫折、遗憾、经历、磨难，还有选择不同而导致的离别，让大家变成了如今陌生的模样，而那些因为时间渐渐疏远的距离，由于这场回望又慢慢地缩短。我们笑成一团后看着彼此，又不禁笑起来。

奇怪的是，这么多年过去了，我们却还记得那么多无聊又有趣的琐事：记得那个停电的晚自习，大家合唱了周杰伦的《晴天》；记得暴雨后一起在窗边看到的彩虹；记得换座位时，正好分配到喜欢的女同学旁边，忽然红起来的脸。

我看着眼前这群人：当初喜欢滑板的，后来成了穿着格子衬衫的理工男；学霸最后发现自己喜欢艺术，去当了导演；最沉默的小孩成了能言善辩的律师……

原来，即使是普通如我们，每个人的一生，也都如各自编撰的一本传记一般，不一定厚重，但都精彩耀眼。而现在，我们就站在其中的一页，回看过去，问一问自己：

那些曾经的梦想，你都实现了吗？

是按部就班，还是保持现状？是选择热爱的，还是安全的？

如果回到那个时刻重新选择一次，我们还会不会成为现在的自己？我们会不会还有那些搞笑又幼稚的言论记录？

生活是具体的，不是抽象的选择题，几乎每一刻、每一秒，我们一个很小的决定都有可能影响到未来某个重要的事件，每个人人生重复的可能性极小。

而我们现在正坐在一起，我们共享了一段过去时光。

我们开始回忆的时候，看着坐在自己身旁的伙伴，才会明白一件重要的事情 —— 你过去的美好或遗憾，对于现在，其实都没有那么重要。它们的积累使你成为现在的你，而它们都已经过去了。你的未来还未写就，你的现在正在书写。

我似乎又得出"人生有一切可能"的结论。

这是句已经被很多"鸡汤文"写作者讲烂了的话，"非鸡汤文"写作者的教育学家会出于对现实的考量告诉你这个"可能"还有生理、物理的限制，当然还会被社会框架中对自由的各种规则所限制。

好在，世界上没有绝对的正误。虽然这句话也很绝对，但在我们的平常生活中，足够适用。

"可能"，那就是比预期超出了一点点。

比如，高中的时候，我不相信自己可以环绕着整个城市骑行，而后来20岁的我做到了。

比如，我曾在求职过程中经历过很多次失败，在很多人觉得我无法成为一个新闻主播的时候，我另辟蹊径，成了一名情感主播。

比如，刚开始做程一电台，朋友劝我"网络的世界，更新迭代那么快，你没必要赶新鲜劲"，而我却坚持做到了7年不间断更新。

比如，我在创业初期，一直在想是不是失败了我就会失去一切，舒适圈是不是更适合我，而现在我却依旧在这条路上，大大方方地向前闯着。

比如，曾让我忐忑不安的未来，已变成了坚定又自足的现在。

与其沉湎于过去的荣光，与其纠结于选择错误的后悔，与其为所有的变数不安，都不如真诚地、努力地面对现在的每一刻。

尽管很多时候还是觉得生活中有很多不如意，但是跟朋友们一起翻了翻过去，发现很多事情还是超过了原来的预期。或许人生真的没有所谓正确答案，认真选择，总会有路。

学会对生活保有耐心和期待，是成长教会我们的第一件事。

不知道是从什么时候起，发现拼尽了全力的努力并不像电视剧里那样注定会带来让自己满意的结果。

熬到深夜一两点同样可能换来期末考试成绩退步两名的结局；把错题都做会的结果也可能是更多更多的错题接踵而至；熬过了凭成绩说话的学生时代，才发现在这个世界里，其他事物远比成绩还要不可控。

也许那个我怨天怨地、在社交空间直抒胸臆的年纪才是人生中最轻松的时期。能为算错一道算术题而悔恨，为中午能不能抢到食堂的特色菜而苦恼的时光，是幸福的。

我不知道要强的自己当初如何面对一个又一个自己不够优秀的事实，然后抹干泪，步履蹒跚地走到今天。我的梦一直在变，不变的是那份想要战胜生活的、不切实际的野心。

我也许不再记得自己以前如何觉得那些荒谬的想法理所应当，但我记得每一个不服输的瞬间。我没有成为自己所希望成为的、最优秀的那个人，也没有在自己选的专业里做出一番傲人的成绩，但是我记得每一个我为了改变结果而拼尽全力的夜晚。

或许曾经的一个又一个"冲到班级第一""考上清华、北

大""年少有为，资产过百万"的梦想都破灭了，我们只是成了现在超出平庸"一点点"的自己。

但是，那又如何呢？班级只有一个第一，每年考上清华、北大的人也只有那些，而这个城市里的年轻人又有几个没有房贷和车贷呢？

15年前我们敢做梦，现在为何就不敢了？**梦想不应该随着年纪的增长被藏起，而应该继续在未来的路上，为自己导航。**

我始终认为：一个人成年的标志在于敢接受自己的普通，但是不会放弃成为不普通的机会。

我想起高中时候自己摘录到社交空间的一段话，是马丁·路德·金在他最后一次演讲中所说的话，关于梦想——

"也许今天无法实现，明天也不能，重要的是它在你心里，重要的是你一直在努力。"

所有渐渐离我远去的，都在告诉我要更加珍惜现在。虽然我们现在可能还不够优秀，甚至在向前的路上经历过一次又一次的失败，但是30岁不过才来到人生的三分之一处，还有今后三分之二的时间，又有什么是来不及的呢？

3

饭局结束后，我打车回家，已经是深夜11点钟了。透过出租车的玻璃窗，我看到那些矗立的写字楼里仍灯火通明。北京的夜晚那么长，那一扇扇亮着灯的窗户背后，为了梦想依旧在努力的人还那么多，为什么我们要率先放弃？

或许这一晚过后，大家各自离去，还是要面临各自生活中的各种不如意，但是，还是希望我们永远拥有再次启程的勇气。"总之岁月漫长，然而值得等待。"即使星散各处，在这滚烫的星河里，你我都能继续抱紧滚烫的梦想，一路出发，最终抵达。

所以，"诚心祝福你，挨得到新天地"。

你的坚持，终将美好

是星火，是月光，是心之所向。

前些日子和朋友聊天，他老家的堂弟最近在准备考研。我这才了解到考研这条路原来这么"拥挤"。根据相关数据显示，2022年研究生报考人数达457万，这个数字比2021年的增加了80万之多。另外，近5年来考研人数增长趋势迅猛。也就是说，2023年考研人数将达到新高。

这是我进入职场的第10年，虽然当年我并没有参加考研，但是我经历过高考，那种千军万马过独木桥的艰辛我体会过，我想考研应该也是一样吧。

　　我的微博几乎每天都能收到在考研的听众发来的私信，他们习惯把我当成一个树洞，告诉我他们的梦想，也会向我倾诉备考过程中的疲惫。

　　无一例外的是，这些私信都来自深夜。这其中有的是励志故事，有的是情感纠葛。这些私信就像是一部部人生影集的碎片，拓展了我对生活的具象认知。我有幸捡拾到，分享了大家人生的一段旅途，也从中看到了一个个灵魂走出黑夜的故事。

　　书宇便是其中很特殊的一员，他是一个走过3次独木桥的考研学生。

　　众所周知，考研人的苦只有考研人懂。近几年，越来越多的大学生选择考研，"内卷"成为新潮的热词，"卷王""别卷了"出现在人们的生活中，而"卷"的重要领域之一便是考研的"战场"。考场如"战场"，这句话是万万没有错的，正所谓千军万马过独木桥。

　　"第11年，若不放弃，就再磨一把剑。"

　　我是书宇。作为一个最普通的考研人，和其他百万名考生一

样，我最希望的事情就是"上岸"。可是命运似乎总是在和我开玩笑，我考了整整3年。3年，放在整个人生中或许不算很长，但对于考研人来说却是无数个难以坚持下去的日夜。旁人不解我的坚持，并不看好我。他们总是劝我，以你的能力，有这个时间和精力，出来上班说不定都升职加薪好几次了。我不知道该怎么回答他们。或许吧。

这3年我失去了很多，失去了女朋友，失去了父母的支持，失去了身边的朋友。

也曾有过放弃的念头，觉得就这样吧，大家不都是这么过来的吗？但念头一出我就会立刻在心里劝住自己，因为还是会不甘心。

那3年里，考研就像挂在眼前的那根胡萝卜，看似近在眼前却又无法触碰。就像是忽然走上了一条不停转圈的路，兜兜转转又回到原点。而更令人感到糟糕的是，当我还停留在原点的时候，同龄人却都在大步往前走。周遭瞬息万变，对比之下我就仿佛是逆行倒退。这让我感到焦虑，那段时间痛苦不堪。压抑、麻木、迷茫，努力却看不到结果，我不知道是否该继续坚持下去。

"曾经，年少的梦还没实现。"

　　我不是那种态度不端正的人，第一年的时候，我很认真地备考，目标只有一个——清华大学。从小那里就是我心中的圣殿，也是我高中时代最大的遗憾。

　　高中时我学习一直不错，老师们也都对我寄予厚望。本是学校里的天之骄子，却没承想命运和我开了个玩笑——由于太过紧张，我竟然把答题卡涂错了。是吧，我自己也不敢相信，自己竟然会犯这样的低级错误。得知成绩的那晚，我呆坐了一整夜，父母知道我是努力过的，便安慰道："是金子在哪里都会发光的。"我打消了复读的念头。

　　自此，清华就成了我年少未完成的梦想。

　　进入大学，我也并没有松懈。第一年备考的时候，我没有犹豫，考上清华，圆自己年少时的梦想，成为我每天的学习动力。我知道这绝非易事，这次是千军万马走钢丝，但我就是要搏一搏。

　　虽然每天都学习十多个小时很辛苦，但也很充实。人一旦下定了决心要做点什么的时候，山海都无可阻挡。

　　由于图书馆的位置不好抢，于是我提前买好一箱切片面包和一箱牛奶，一大早就爬起来去图书馆占位置，排队时一边喝着牛奶背单词，一边等着门开。我把吃饭的时间压缩到很短很短，除了在宿舍睡觉，其他的时间基本上都泡在图书馆。暑假的时候，我也选

择了留校备考，跟父母打电话的时候，他们虽然不舍，但也表示支持。对我来说，没有节日可言，工作日和周末也没有区别，那时候的我像是一个学习的永动机。似乎只有这样，才能让每天的生活变得更有意义一些，让自己离目标更近一些。这成为枯燥的学习生活中的唯一动力。只有这样，我才不至于被这无趣的生活所吞没。

转眼到了8月，随着考试的时间越来越近，和最初备考的心态不同，我开始焦躁了。

周围同样都是备战的人，大家既是同伴，又是对手。当得知我的目标院校是清华时，大家会投来复杂的目光，或佩服，或惊讶，但更多的是疑惑和不信任。**当目标过于清晰却遥远的时候，人就会变得小心翼翼、瞻前顾后，纠结于每一步的选择。**看着自己卷子上的错题，我也开始怀疑自己当初的坚持是否正确。

高考查成绩时的痛苦回忆还历历在目，我的压力也越来越大。我开始焦虑、失眠，常常整夜睁着眼睛直到天空泛白。后来我干脆逼迫自己把学习的时间拉得更长，好像只有这样才能逼自己不去胡思乱想。但是，因为心态的不平衡，效果适得其反。最夸张的时候，一打开考研的试卷，我就开始冒汗，大脑里一片空白，甚至无法正常思考。好在这时，女友的陪伴与开导给我提供了很好的情绪价值，也给了我更多的自信。

女友与我同届，我们是在考研自习室认识的。她是个优秀且上进的女生，虽然想考的目标院校与我的不一样，但我们约定一起努力完成各自的理想。备考的过程固然艰难，但更难的是一个人上路。在我最痛苦的那段时间，是她的陪伴和鼓励让我重新走出阴霾。

在我感到焦躁的时候，她会及时帮我疏导心情。但是那时候的我陷在自己的情绪中，说过很多伤害感情的话。有的时候睡不好，第二天的状态很差，对她的态度也很差。她知道，这个时候吵架是没有意义的，这是浪费双方的时间。

所以，每次生气的时候，她就一头钻进书里，不理睬我。虽然我每次带着情绪，但是过后还是会把自己总结的经验给她看，而她也理解我，欣然接过。有的时候她完成了一天的任务，想要放松的时候也会帮我带饭。

我知道，她其实挺心疼我的，她把我的努力看在眼里，真心希望我能有个好结果。

但事与愿违。我记得太清楚了，数学的考场上，中间有一道不是很难的题目，我练习过很多次，却在那个当下怎么也想不出来，大脑像是忽然短路，我不免开始计算这题没做对的话，后面要拿多少分才能考得上。

冬天很冷，但是我的手心已经开始出汗，额头上也满是细密的汗珠。

"完了，完了。"这样的想法爬满了我整个大脑。

就这么浑浑噩噩的，我结束了第一次的考研。

成绩出来那天，我其实心里已经隐隐有了答案，只是不想面对。可能有希望才是最可怕的，按照平常的练习水准是能稳定过线的，但是那一题影响了我的发挥，我拿不准。

女友给我打来电话，说顺利过了笔试，参加了复旦大学的复试。

她语气兴奋中又透着点小心翼翼："你呢？结果怎么样？"

我打心底里祝福她。而我最终差3分。可能就是那一题吧。在成绩出来的当下，我允许自己失落了一小会儿，转头就投入了下一轮的复习。

"忘了孤单，我还在飞。忘了黑暗，我还要飞。"

第二次备考的时候，女友不能像之前一样常伴左右。而远距离的恋爱和不一样的时间安排也将我们两个拉得很远很远。分手是我主动提的，我不能再耽误她了，上一年的陪伴已经让她受了不少委屈，我不确定自己这回的备考状态，能否让自己胜任一个男朋友的职责。

我不敢联系周围的同学，更不敢探听他们的消息，他们或上岸或工作，每个人都在往前走。父母的朋友也常常问我的境况。我越来越不想回家了，大家的关心在当时的我看来更像是一种同情，安慰的声音显得那么刺耳。

考研的失利让我觉得尤其对不起爸妈，当初高考结束就是他们一直鼓励我："是金子在哪里都会发光的。"但现在，我开始怀疑自己，让他们骄傲的儿子可能只是一块普普通通的石头。他们却说，要是不甘心，就再试一试吧。

我在学校旁边租了个很小的房子，为了有学习氛围，每天坚持去图书馆学习。

但前几个月的投入让我精疲力竭，总觉得说不出地累。每天清晨，睁开眼便是天花板和狭小的空间，寒冷的天气更是击溃了我起床的勇气。但最终还是咬紧牙关，用冷水唤醒了自己。好像只有在刷题的过程中，才能获得一种安全感，或许只有废寝忘食才是一个考研人该有的样子。

当时间被精确到每一分钟，当每一分钟被具体的 to do list（待办事项）所填满时，人是没有时间去焦虑和瞻前顾后的。

时间一天天地过去，我把资料翻了一遍又一遍。到了考研的

那天，我仍旧非常忐忑，上一次失败的场景在脑中挥之不去。我努力控制自己不去想那些，努力专注于每一场考试，但几天没有好好睡觉让我疲惫不堪。我强撑着，觉得只要过了这两天一切都会好的。

结果当然是以失败告终。这次的差距不是一两分。

要放弃吗？

说真的，就连我自己也不知道了。

那天，我给一直以来收听的电台主播发了一封私信，私信里我说：

程一，我是一个普通人，但我一直有一个不普通的梦想，我要上清华。不是小时候大人提问时的标准回答，而是让理想走进现实的那种——我要上清华。

为此我已经付出了两年的时间。这两年我经历了太多，也失去了太多。

考研是一条孤独的路，每一次前行都在一点点消耗我的勇气，所以知道结果的时候，我真的有些撑不住了。

我的家人劝我放弃，我的女友被我弄丢，我不想把唯一支撑我前行的梦想也弄没了。如果可以的话，你能不能跟我说一句

"加油"，这句话对我真的很重要。

这是我认识书宇前，他的故事。

书宇给我发送这条私信的时间是在凌晨4点20分，字里行间都透露出一股疲惫和是否还要坚持下去的矛盾。

说实话，当下那一刻我并不知道该如何安慰或鼓励他。任何引导性的话语都可能影响到他的判断，或许是太过在乎，这份得失心也变得沉甸甸的。

在经过反复的思考和斟酌后，我一字一句敲下了给书宇的回复：

没有任何一种选择能决定你一生的命运，做你想做的事，做你觉得对的事，做让你觉得快乐的事，只要你足够精彩，世界便会为你而来。加油，以及好运。

电影《小森林》里，女主市子的妈妈在给她的信中写道：在某个地方摔倒时，每次回头看之前的自己，发现每次都在同一个地方摔倒。尽管一直很努力，却总是在同一个地方画圆圈，徘徊到最后不过是回到了原点，很让人失落；但是每次积累下了

经验。所以不管是失败还是成功，都不再是原点。那么不应该叫"圆圈"，而应该是"螺旋"。从某一个角度看，仿佛是在同一个地方兜兜转转，其实多少会偏上一点或偏下一点。如果是那样也还好，也许人本身就是"螺旋"，在同一个地方兜兜转转，每次却又不同，或上或下或横着延展出去。我画的圆每次在不断变大，所以螺旋每次也在不断变大。想到这里，觉得自己还是应该再努力一把。

我想，书宇也并不是停在了原地，**每一种努力都有意义，只是当下的环境遮住了我们的眼睛，只要能走得更远，就会发现曾经走过的路全部算数。**

过了大概有一个星期，我才收到书宇的再次回复，是一个"谢谢"的表情。这个回复也让我替他松了口气，至少他应该从当初的悲伤情绪中缓解了一些吧。

书宇的故事还在继续。

"忘了漫长，我还在等。忘了悲伤，我还会等。"

第三次备考，是大多数的学生都不敢想的。古人常说："一鼓作气，再而衰，三而竭。"我不知道书宇这次上路用了多大的勇气。身边在图书馆备战的人换了一拨又一拨，有人金榜题名，有人铩羽而归。书宇似乎习得了一种坚信：只要坚持下去，总会有结果的。

第三次备考上岸，是大多数考研人不敢想的事情。考研的苦，光一年已经很折磨人了，就像爬山一样，登顶前的那一段距离，耗尽了体力。

第三次备战考研是书宇给自己的最后一次机会，颇有壮士断腕、背水一战的气势。书宇说既是因为我的回复，也是因为他相信自己这一次一定能考上，同样还有——不甘。

他希望自己能像那首歌的歌词一样，"若不放弃，就再磨一把剑"。他慢慢地摆正了心态，告诉自己，如果真的考不上，他就去工作，但是自己也不后悔这段时间没日没夜地努力。

第一次备考是和朋友们并肩作战，第二次备考或许也有人同病相怜，但继续第三次的，周围只剩下他一个人了。

他自己收拾了东西回到家里准备，继续将曾经的挫败、压抑、孤独重新咀嚼一遍。

父母终于还是提前死心了，表示让他回来，踏踏实实上个班。而曾经在一个自习室战斗过的"战友们"也劝他：要不就算了吧。

但是书宇还是决定再来 次。3年，他知道青春宝贵，但还

是想为了理想再拼一把，他觉得值得。

这一年他的备考不再像当初那样，把自己逼成一张拉满的弓，没日没夜地苦熬。这一次，他反倒变得松弛了，许是觉得最后一次了，该努力就努力，该放手就放手，他已经尽己所能。

书宇突然感觉豁然开朗了，不再有追赶着自己的心态后，他会在复习完后听音乐和散步。那段时间他也看了很多很多书，这个过程让他真正从心理上得到了放松。

不管是自己的实力，还是心境，都让他觉得这一次考完，一定是没有遗憾的。跟前两次不一样的是，他逐渐开始期待考试的那一天，他不再焦虑，只想在考场上画一个圆满的句号。他不再去计算某道题做不出来会扣多少分，只是想做好会做的每一道题。至于剩下的，就交给命运了。

铃声结束的那一刻，他放下笔，望向窗外，这个校园对他来说已经是陌生的了，没有一个认识的人，很多东西也变了，甚至他的心境也都变了。曾经失去太多，也反复被时间威胁。但现在，一切都过去了。

就连父母都不相信他能考上，已经开始帮他打听工作。可偏偏这个时候，他收到了清华的复试邀请。

踏进校园复试的那一刻，他觉得一切是那么不真实，但他知道，这是自己应得的。

他不知道值不值得，这3年他唯一学到的事情就是坚持。不管以后遇到任何事情，他都会满怀信心，相信自己一定可以做到。**那份坚持，是星火，是月光，是心之所向。**

他记得那天的天格外蓝，他为数不多地睡了一个很安稳的觉。

不久后，我再次收到了书宇的私信，是一张清华录取通知书的照片，还有一句话："谢谢你，程一，这一次，我的世界终于为我而来了。"